定年自衛官再就職物語

セカンドキャリアの生きがいと憂うつ

松田小牧

ワニブックス
|PLUS|新書

はじめに

「人生100年時代」。いつの間にかこの言葉もすっかり定着してしまった。人類の歴史上、これほどまでに〝老後〟の期間が長い時代はほかに類を見ない。長寿命化に伴い、定年年齢や年金の受給開始年齢は65歳に引き上げられた。「今後は70歳まで引き上げられるのではないか」といった憶測もやまない。

しかし労働期間が長期化する中でも、いまだにほとんどの自衛官は50代で定年を迎えることが法律で決められている。そして多くの自衛官は退官後、再就職の道を選ぶことになる。その事実を改めて考えたとき、いくつかの疑問が浮かんできた。「そもそも、自衛官はどうやって再就職しているのか？」「ただでさえ50代の転職はハードルが高いところ、はたして元自衛官は民間企業でうまくやっているのだろうか？」「自衛隊で培った国防意識は、民間に出ると薄くなってしまうのだろうか？」

一般の人の中には、「定年を迎えた公務員、しかも自衛官が営利企業に勤めるなんて無理があるのでは」と考える人も少なくないだろう。筆者は記者を辞めた後、ベンチャー企業の人事に転職したが、正直なところ、少なくともその企業においては、応募者の「定年」「公務員」「自衛官」という経歴は決してプラスには働いていなかった。

ただ、もし「元自衛官は民間で活躍できていない」との状況が真実ならば、多くの元自衛官にとって、退官後の人生はさほど楽しくないものになるはずだ。それは30年以上も国のためにその身を捧げた人間の末路としては非常に寂しいことであるし、心から自衛隊を応援している筆者としては、とてもそのままに捨て置けるものではない。

もしくはひょっとして、自衛官は民間でうまくやっているのだろうか。そうであれば、本書によって、なんとなく世の中にはびこる「自衛官は民間では使えない」といったイメージを払しょくでき、世の中の自衛隊に対するイメージアップにも現役自衛官の安心感にもつながるはずだ。

そのような思いから、まずは知己の元自衛官から話を聞いてみた。当初こそ「うまくやっている」という話ばかりが集まったものの、取材を進めていくうちに、どうやらそう簡単に結論を出していい話ではないことがわかってきた。

その後、筆者の出産もあり、ほそぼそと約1年半かけて取材を進めていった。誤算と言えば、取材を始める前は「自衛隊では年に数千人も退官していくのだから、取材対象を見つけることはそう難しくないだろう」と高をくくっていたところ、想像以上に取材を受けてくれる人を見つけることが難しかった点だ。自衛官にとって、「マスコミ」「取材」といった言葉には程度の差こそあれ警戒心が働く。取材をお願いしたいと電話をしてみたところ、「ちゃんとやっていますから！　文句を言われる筋合いはない！」などと言われて電話を切られることもあった。

それでも取材を受けてくださった元自衛官は、「自分の経験が、現役の自衛官の参考になるのであれば」との思いをお持ちの方が多かった。結果として、元統合幕僚長から元曹長まで、幅広い方々のお話を聞くことができた。

この本は、現役自衛官にとっては、自分の定年退官後を考える一つの道しるべの役割を果たしてくれるものと期待している。そのほか自衛官に関心を寄せてくれている人だけでなく、中年期以降の転職を模索している人、老後に不安を抱えている人にとっても、何か一つでもヒントになるところがあれば望外の喜びである。

最後に、前著『防大女子』に引き続き、編集者の梶原麻衣子さんにはお世話になった。

「自衛隊」という、ともすればどちらかの方向に思想が偏りがちな対象を扱う中で、自衛隊にシンパシーを持ちながらも客観的に物事を見ることのできる梶原さんにはいつも助けられている。

そして何を置いても、取材を受けてくださったすべての元自衛官の方々に感謝を申し上げたい。中でも防衛大学校の大先輩でもある志村泰元さん、佐藤公彦さん、宗像久男さんには前著刊行以降、並々ならぬ示唆をいただいた。今回は「定年退官後」を切り取ったが、今後もよりよき自衛隊に向けて、さまざまなテーマでぜひご協力いただけたらと強く願う。最後に、この原稿を完成させたその日に急逝した父・哲哉に本著を捧ぐ。

第三章 「元自衛官」に向く仕事とは

第四章　再就職への道に立ちはだかる壁

第五章　自衛隊経験を新天地で生かす

第六章　再就職より起業・フリーランスを選ぶ挑戦者たち

おわりに

序章　自衛官の定年事情

ある男たちの明暗

ある晴れた日の午後。陸上自衛隊で30余年もの長きにわたり、国防への思いを胸に勤務してきた男二人が、定年のため自衛隊を去る日がやってきた。退官のあいさつを求められた二人は、それぞれの思いを口にした。

一人の男が言う。

「これまで自分がずっと磨いてきた戦闘のための技術は、まったく日の目を見ることはなかった。でも、それでよかった。自分の自衛官人生は幸せでした」

別の男も続ける。

「時代はますます複雑化している。そんな中で自衛隊に求められていることも、決して少なくはない。長い自衛官生活の中では、苦しいこともあるだろう。でも君たちであれば大丈夫。あとは任せた！」

同じ中隊に所属する隊員からの万歳三唱を受けた後、駐屯地の正門まで花道がつくられる。自分たちのために集まってくれた同僚たちの目を一人ひとり見ながら、男たちは力強く歩を進める。

とうとう正門前に着いた。あと一歩を生み出せば、もう自衛官としてこの門をくぐることは二度とない。駐屯地の中に咲き誇る桜を、眺めることももう二度とないだろう。長いようでいて、振り返れば短い30数年間だった。

再就職先も決まっている。退職金もある。身の丈に合った生活をすれば、何も問題はない。これまで「自衛官」という職業に縛られ、できなかったこともある。「これからが自分の第二の人生だ」。それぞれが万感の思いを胸に、駐屯地を後にした。

しかし、一抹の不安と大きな希望を持って新しい生活に飛び込んだ二人の明暗は、その後大きくわかれることになる。一方は、自衛隊に理解のある職場で、充実した日々を送っている。自衛隊と違って土日が潰れることもない。家族との時間も増え、趣味も充実している。「次は社会への恩返し。地域の役職にも挑戦してみようか」と思い始めた。「いまのこの瞬間のために、30年以上頑張ってきたのかもしれない」。時々ふいに、そう思う。

ところがもう一方の男は、まったく違うことを考えていた。

「なぜ、こんなふうになってしまったんだ」

意気揚々と臨んだ再就職先では、率先して働いた。

だが、自衛隊で学んだことを生かそうと提案しても次第に疎まれるようになった。もう、この職場には自分がいる意味はない。「退職したい」。そんな思いが頭をめぐるものの、家にはまだお金のかかる大学生の息子と高校生の娘がいる。

ハローワークにも通ってみたが、どうにもいい仕事はない。これならなんとか、と思う仕事にいくつか応募してみたが、いずれも書類落ちで、面接にすら至らない。もう嫌だ、誰も自分の価値をわかってくれない――。布団の中で、自衛隊時代にもほとんどこぼすことのなかった涙がこぼれた。

上記の二例は筆者が創作したエピソードだが、これは決して〝完全なフィクション〟ではない。取材の中で聞いた事例を組み合わせ、作成したものだ。前向きに楽しく第二の人生を送っている元自衛官も多くいるものの、悲痛のうちにいる元自衛官も決して少なくはない。

「定年まで自衛官を続けたのであれば、再就職する必要はないのでは？」
自衛隊と関係の薄い人たちの中には、このような素朴な疑問を抱く人も多いだろう。だが自衛隊には、そうは言っていられない事情がある。自衛官の定年は、民間よりもよっぽど早いのだ。

民間企業では２０２１年、高年齢者雇用安定法の改正によって65歳までの雇用確保が「義務」とされ、70歳までの就業機会の確保についても「努力義務」となった。結果、ほぼすべての企業が65歳までの雇用確保措置を実施するようになり、70歳以上まで働ける制度を設けている企業も２０２１年度時点で約４割にのぼる。

そんな中、自衛隊では早ければ54歳（２０２４年10月からは55歳）で定年を迎えることが法律で定められている。２０２４年２月現在、定年年齢は将官で60歳、１佐で57歳、２・３佐、１・２・３尉、准尉、曹長、１曹が56歳、２・３曹が54歳となっている。人数比から見たときには、56歳で定年を迎える隊員が圧倒的に多いということになる。

ただし、この中でも幕僚長は例外だ。幕僚長であっても階級としては「将」となるが、定年年齢の根拠となる自衛隊法において、「統合幕僚長、陸上幕僚長、海上幕僚長又は

階　級	定年年齢
将官 ※統合幕僚長、陸海空各幕僚長を除く	60歳
1佐	57歳（2024年10月より58歳）
2・3佐	56歳（2024年10月より57歳）
1～3尉、准尉、曹長、1曹	56歳
2・3曹	54歳（2024年10月より55歳）

※「幹部自衛官」は3尉以上

航空幕僚長の職にある陸将、海将又は空将である自衛官の定年は、年齢62年とする」との記載がある。

さらに、陸上、海上、航空の各幕僚長から持ち回りで選出される統合幕僚長の座にあった河野克俊氏は、時の首相であった安倍晋三氏からの信頼が厚いことでも知られ、62歳を過ぎた後も3度の定年延長が行われた結果、最終的に２０１９年、64歳で防衛省を去っている。

このように、法律によって50代での定年を強いられる組織はほかにない。自衛官以外の公務員も２０２２年度までは定年年齢が60歳となっていたが、改正国家公務員法により２０２３年４月からは61歳に引き上げられた。今後も２年ごとに１歳ずつ引き上げられることが決まっており、２０３１年度には65歳となる運びだ。

自衛隊でも徐々に定年年齢が延長されているが、民間のような「65歳定年」となるのは現状では考えづらい。なぜ、自衛隊だけにこのような制度が設けられているのか。それは自衛隊が持つ任務の特殊性にある。いかに鍛錬を重ね若々しく見える50代でも、いざ近接戦闘となれば、20代の若者に勝ることは難しい。つまり、軍隊組織としての強さ、自衛隊でいうところの「精強さ」を保つためには、ある程度の若さが必要だと判断されているのだ。

50代半ばではじめて民間へ

公務員には再任用制度があり、自衛隊以外の公務員の多くはこの制度を利用する。そのため、現時点でも基本的に65歳まで勤務することができる。自衛隊にも再任用制度はあるが、「自衛隊の精強さを保つ」という意図とは反するため、制度を利用できるのはごく少数にとどまっている。

ちなみに、自衛官の退職には定年退官、中途退職のほかに、「任期満了」という制度もある。任期満了は一般曹候補生として入隊した「士」の階級にある者が、1任期あるいは2任期の修了時に自衛隊を離れる制度だ。具体的には、陸上自衛隊は1任期目約2年（一部3年）、海上・航空自衛官は1任期目3年、2任期目以降は2年となる。任期が終われば引き続き自衛官として勤務するか自衛隊を離れるかを選ぶことができる。こちらも若年定年制と同じく、自衛隊の強さを保つためのものとなっている。

しかしそんな自衛官も、現在の年金の支給開始はほかの公務員や民間企業に勤めていた会社員と同じ65歳からとなっている。そのため、多くの自衛官にとって「再就職は必須」と言えるのだ。しかも、防衛省には関連団体もそう多くないことから、退官者の多くは民間企業に勤めることを余儀なくされる。

ここで素朴な疑問が浮かぶ。それは「自衛官」という特殊な職務を30年以上勤めた人物が、はたして50代も半ばに差し掛かってから民間企業に就職し、うまくいくのだろうかといったものだ。そこで本書では、将官から曹クラスまでさまざまな元自衛官の「退官後」を追うこととした。

その姿をつまびらかにすることは、自衛官にのみ資するものでもないはずだと考える。というのも、昨今ミドルシニアの転職が活発化しているのに加え、「定年後に再就職」

という状況も決して珍しくないからだ。

内閣府が毎年発表している「労働力調査」によると、2022年度では実に65～69歳で50・8％、70～74歳でも33・5％もの人たちが働いていることが見てとれる。さらに男性に限ってみると、65～69歳で61・0％、70～74歳で41・8％と、その割合はさらに大きくなる。

高齢になっても働くことができる企業も増加しているが、2022年時点で「66歳以上まで働ける制度がある」と回答した企業の割合は大企業で37・1％、中小企業で41・0％。裏を返せば、多くの人たちは「在職を希望しても65歳で定年を迎える」状況にある。つまり65歳を超えても働きたいと思ったときには、〝再就職〟が必要となるのである。

平均寿命が延び、急激なスピードで少子化が進む日本において、社会の生産性の維持や年金をはじめとする各種社会保障制度を保つためにも、国が高齢者に対してなるべく長く〝現役〟であり続けてもらいたいとする方針を覆すことはないだろう。国を挙げて高齢者の就業を促進する流れは、今後さらに加速するはずだ。

再就職は一般的に、「年を取れば取るほど難しい」と言われている。ただもちろん、国としても50代にして定年を迎える自衛官に対し、「お疲れ様！　あとは頑張れ！」と放り出すわけではない。再就職に向けた教育および再就職には、かなりの力を注いでいる。自衛官の再就職を支援するために自衛隊に整備されているのが、「再就職援護制度」だ。「再就職」を「援護」するとの表現はいかにも自衛隊的だが、自衛隊法第65条に基づき、1佐以下の定年退官者の再就職を支援することが決められている。

もう少しだけ詳しく述べると、自衛官への職業紹介は、自衛隊ではなく「自衛隊援護協会（以下、援護協会）」が主体となり実施する形になっている。自衛隊内の各地方協力本部などに置かれた援護センターは、援護協会に対して〝協力〟するとの位置付けだ。援護協会の職員には自衛官ＯＢらが就き、職業安定法に基づき無料で自衛官への職業紹介を行っている。

なお定年が60歳である将官に対しては、一般職国家公務員と同様に内閣人事局が管理し、自衛隊は関与しないことになっている。要するに制度上、将官は自己開拓するしかないというわけだ。将官クラスでは、定年年齢が一般職公務員並みとなるため、一般職公務員が国家公務員法の「再就職情報の届出制度」の適用を受けるのと同様に、再就職先が内閣府によって毎年度公表されている（「管理職隊員」と呼ばれる一部の1佐も公表されている）。

また、自衛隊法65条により、現職自衛官が利害関係企業に就職を依頼することを禁止するといった規制もある。そしてこのような再就職などが守られているかどうかについて、将官は内閣府再就職等監視委員会、1佐以下は防衛省の再就職等監視分科会が監視を行っている。

これら規制の目は、年々厳しくなっている。この背景には、2020年に陸自の将官の再就職をあっせんしたとして陸上幕僚監部の職員が処分を受けた件も影響しているという。これは陸幕の募集・援護課が省内のパソコンで退職を控える将官級のリストを作成し、将官級の退職時期を企業側に伝えていたケースが26件あったと認定されたものだ。担当者らは、「リストの作成が法に触れる行為だとは認識していなかった」などと話したとされ、同課の元課長ら5人が停職処分などとなった。

退官後「援護制度」を利用した者の99％がとりあえず再就職

自衛隊兵庫地方協力本部のホームページによると、２０２２年度の定年退職者の数は陸上自衛隊約３８００人、海上自衛隊約１０００人、航空自衛隊約１１００人の計約５９００人となっている。さらに防衛白書によると、同年に再就職支援を希望したのは４３０３人で、全体の７割強となる。援護関係者によると、近年はおおむね７割程度が援護制度を利用しており、残りの３割については、自分で開拓したり家業を継いだりしているという。

そして就職支援を希望した者のうち、就職が決定したのは４２４３人。実に98・６％が再就職先を見つけることができている。「50代の再就職」というハードルが高めの課題に対し、これだけの成果を出すことができているのは、30年以上にわたり真摯に頑張ってきた隊員、再就職先を見つけるために尽力した援護担当者、自衛官を受け入れてくれる企業の理解が合わさったからにほかならない。

では実際に、「退官後の自衛官」は社会でどのように働いているのか、見ていこう。

第一章　エリート将官たちの定年後

テレビでコメントする元自衛官は「超エリート」

テレビや新聞において、「元自衛官」の肩書でコメントしている識者の姿を見たことがある人も少なくはないだろう。とくに２０２２年以降はロシアによるウクライナ侵攻が勃発したことで、軍事の専門家たる元自衛官の意見が取り上げられる機会も格段に増えたように思う。

ただし、彼らは元自衛官の中でもごくごく限られた一部のエリートだ。幕僚長経験者や、幕僚長ではなかったとしても将官経験者であることがほとんど。小川和久氏や潮匡人氏といった、自衛隊を途中で辞して軍事評論家の道を進んだケースはあれど、「１尉で退官してメディアで国内外の軍事動向について語る」ことはまずない。年間６０００人ほども退職者が生まれる中、メディアに登場するのはほんの数人。多くの准尉や陸曹（以下准曹）は彼らを「雲の上の人」と呼び、自分たちと同じ存在とはみなさない。

さて、「将官」や「准曹」といった言葉が出てきたところで、一般的な自衛官のキャリアをざっくりと見ておこう。といっても自衛官のキャリアは幅広く、学歴や経験により、さまざまなキャリアパスを選ぶことができる。数は少ないが、中学校卒業後に高等工科学校（現在は陸自のみ）に入校し、自衛官として歩み出すケースもあれば、社会人として数年間経験を積んだ後で入隊することも可能だ。

現在、自衛官候補生ならびに一般曹候補生には、18～32歳までであれば応募することができる。少子高齢化に伴う自衛隊員のなり手不足を受け、２０１８～２０１９年にかけて、それまでの上限であった27歳から引き上げられた形だ。

また、「自衛隊」と言うと、どうしても戦車や戦闘機、護衛艦といったイメージを持つ人が多いのではと思うが、自衛隊の中にはさまざまな職種がある。

たとえば陸上自衛隊には、職種でわけると16の職種がある。戦闘部隊である普通科・特科・機甲科のほかにも、災害派遣の現場などでも活躍している施設科や需品科、自衛隊における警察の役割を果たす警務科、物資の調達を行う会計課に隊員や国民の士気の高揚に資する音楽科など、そのバラエティは豊富だ。

ある陸自の現役幹部は、「自衛隊、とくに陸上自衛隊は〝金を稼ぐことだけができない総合商社〟だと自負している。自己完結型の組織だけに、やりたいことはそれなりに何でもできる」と話す。「自衛隊は、仕事の多様性の面で魔力にも近い魅力を秘めている」と語る元自衛官もいた。

さて内閣府の公表資料から、自衛隊トップたちの再就職先を見てみたい。たとえば元統合幕僚長の河野克俊氏は日本テレビ客員解説委員や川崎重工ストラテジック・アドバイザー、三菱重工顧問など5つの要職に就任。元陸幕長の湯浅悟郎氏は三菱重工防衛・宇宙セグメント顧問、元海幕長の村川豊氏はエヌ・ティ・ティ・データ特別参与、元空幕長の丸茂吉成氏は三菱電機顧問と、やはりそうそうたる企業の要職に就いている。

ただ中には、自衛隊の要職にいた人間が防衛関連企業に就くことについて「利害関係者では」「天下りでは」と考える人も少なくないのではないかとも思う。

国会では2020年11月の安全保障委員会の中で、立憲民主党の本田平直衆院議員が防衛省と密接な関係にある民間企業への元自衛官の再就職の是非を問うている。それに対し岸信夫防衛大臣（当時）は「隊員が在職中に培った専門的な知識や経験などを生かして企業に再就職することは、隊員が誇りを持って職務に精励するためにも重要である。企業側にとっても、隊員が在職中に培った専門的知識を生かしていくことは意義がある」と答弁。「問題とされるのは、予算や権限を背景とした再就職のあっせんや要求、官民の癒着につながりかねない隊員のOBの口利き」だと強調している。

では、実際に将官はどのような第二の人生を歩んでいるのだろうか。自衛隊でトップオブトップの座にあり、退官後も5つの要職に就く河野元統幕長にうかがった。

海軍から海上自衛隊に進んだ父を持つ河野氏は、1973年に防衛大学校に入校。実は補欠合格であり、一旦は「落ちた」と覚悟したものの、4月1日に「四ガツ四ニチニチャッコウヲメイズ（4月4日に着校を命ず）」との電報を受け、慌てて進学した過去を持つ。

そんな河野氏だが、防衛大学校では機械工学科を首席で卒業し、海上自衛隊幹部候補生学校でも首席の座を明け渡さなかった。希望した配置ばかりに就けた自衛隊人生、というわけでもなかったが、持ち前の能力とめぐりあわせの妙により、着々と出世を果たす。そして2012年に海上幕僚長、2014年に統合幕僚長に就任。「ドラえもん」の愛称で親しまれた河野氏は、その愛称にふさわしくさまざまな手段で日本という国を支え続けた。退任は2019年4月1日。実に46年間に及ぶ自衛隊生活となった。

統合幕僚長でも再就職時は「面接」あり

ではどのような経緯で河野氏は5つの企業で要職に就いたのか。

「最初に決まったのは川崎重工でした。本社に行って条件をすり合わせる、〝面接〟のようなものも受けました」という。

統幕長ともなれば、面接などせずとも三顧の礼で迎え入れられるのではないか。そう聞くも、河野氏は「いやいや、そんなことはありませんよ」と謙虚に話す。

その後決まったのが、三菱重工に日本テレビ、防衛省・自衛隊に対するFP相談サービスを提供する保険会社protéger、お茶・紅茶を販売するルピシアへの就職だ。

いずれの企業においても社内に席があるわけではない。必要なときだけ出社する形だ。顧問として企業に在籍する元幹部の中には、同様の形を取るケースも少なくない。

河野氏はいまや、防衛省とのかかわりは「まったくない」と話す。やはり「OB」と「現役」の間には一線を画すことが、〝清廉な自衛隊〟には求められているのだ。

現在の業務としては、統合幕僚長としての経験から培ったマネジメントの知見やウクライナ侵攻など世界の情勢、日本を取り巻く情勢などについての講話・教育を求められることが多いという。退官後、重荷から解放されたようにも思えるが、「講演を頼まれればなるべく応じるようにしていますし、講演やメディア出演は土日も多い。現役時代よりも忙しくなったかもしれません」と話す。

とりわけロシアによるウクライナ侵攻以降、国防に対する国民の意識も高まっていると強く感じている。

「日本人の中には『軍事によらず、外交で解決すべき』だと話す人たちがいます。もちろん、外交で解決できるならばそれに越したことはない。しかし、その議論に抜けているのが『軍事も大事である』という視点です。外交と軍事は、二者択一のものではない。いわば、車の両輪です。両輪が機能してこそ、安全保障体制が保たれるのです」

現在のやりがいを聞いたところ、「自分の言いたいことを言える点です。自衛官時代には、その立場から『おかしい』と思っていても口に出すことができなかったこともありましたから」と話す。

現役自衛官には「政治的活動に関与してはならない」との枷（かせ）がはめられており、ましてや統合幕僚長ともなればその言動には陰に陽に制限がかかる。「自衛官としては、法律の枠組みに則って任務を粛々と遂行することが当然」と話す河野氏さえ、現職時に物議をかもしたこともある。

2017年5月、安倍晋三首相（当時）は「憲法9条1項、2項を残しつつ、自衛隊を明文で書き込むという考え方は国民的な議論に値するのだろうと思う」というメッセージを打ち出した。この3週間後、日本外国特派員協会での記者会見に応じた河野氏にも、記者から憲法改正に関する質問が飛んだ。そこで河野氏は、「憲法という非常に高度な政治的問題なので、統合幕僚長という立場から申し上げるのは適当ではない。ただ、一自衛官として申し上げるならば、自衛隊が何らかの形で憲法に明記されることになれば、それはありがたいなぁとは思います」と述べた。

客観的に見て、非常にリスクヘッジしたうえでの発言であることはわかっていただけるだろう。しかし、これだけ慎重を期した発言であっても、一部のマスコミや野党などは、「軽率すぎる改憲発言（朝日新聞）」「自衛隊法に違反している（立憲民主党逢坂誠二衆院議員）」などと問題視した。

しかし退官に伴い、その重い枷は外された。現在の河野氏は、日本の軍事を取り巻く環境に積極的に提言を行っている。とくに憲法問題だ。

「国民の中には、『自衛隊の存在は国民に認められているのだから、別に法律を変える必要はない』と言う人もいます。しかし憲法9条は国家の基本であり、国家の在り方を示すものだと考えます。『自衛隊は戦力以下の必要最小限の実力組織』というのが政府としての公式見解ですが、諸外国は『自衛隊は戦力以下』と聞いて納得するでしょうか。こんな不自然な状態を、次の世代まで放置するわけにはいきません。これからも自衛隊で得た知見を社会に還元していきたい。それが統合幕僚長の任を与えられていた私のすべきことだと考えています」。

「顧問職に就ける将官」は本当に幸せか

河野氏もそうだが、「元自衛官が防衛産業へ転職」というのは非常にわかりやすい構図だろう。内閣府の資料を見ても、日本航空、川崎重工、富士通、小松製作所といったそうそうたる日本の大企業への転職を果たしている。

そのような転身を果たすのは、高級幹部がほとんどだ。ある現役の自衛官は、「防衛産業はすごい。若いうちから『これは』という隊員に目を付け、タイミングを見計らって『よければウチに』と声をかけている」と話す。実際に、防衛産業への転身を果たした元高級幹部の多くは「ありがたいことに先方から声をかけてもらった」と話す。

中でも将官の多くは、河野氏のように「顧問」などの形で迎え入れられる。元空将の織田邦男氏も、防衛産業関連の企業に顧問として迎え入れられた一人だ。

「航空幕僚長候補」との呼び声も高かった織田氏は1974年に防衛大学校を卒業し、航空自衛隊に入隊。F-4戦闘機パイロットなどを経て二度の留学経験を持つ。2006年には航空支援集団司令官として自衛隊のイラク派遣に関する業務を担当した。任務を終えた隊員が全員無事に日本に戻ってきたことを確認したそのときに、「私の任務は終わった」と、57歳にして自衛隊を去ることを決めた。その胸中は達成感に満ちていた。

織田氏が再就職先として選んだのは三菱重工だった。「防衛部長時代、三菱重工とは相当やり合いました。向こうにすれば面白くないこともあったかと思いますが、そのときに認めてもらったのでしょう。退職前にお声をかけていただきました」と振り返る。

「私が主に従事していたのは、戦闘機に関するアドバイスです。ただ、私は顧問というのは『お寺の釣り鐘』だと認識していました。釣り鐘は自分自身が音を出すことはない。けれども和尚さんが大きく衝けば大きく鳴るし、小さく衝けば小さく鳴る。顧問としても、聞かれたことには徹底的に準備し、全身全霊で答えるけれども、自分からしゃしゃり出ることはしない。そう決めていました」

ときには、会社からの相談が寄せられない時間もある。織田氏はその時間を活用し、自己研鑽や意見の発信に努めた。

「自衛隊には、『自分を高める』という文化がありません。私はアメリカ空軍大学やスタンフォード大学に留学させてもらいましたが、アメリカは基地の中に大学があり、多くの軍人が勤務の後に学べる環境が整っています。将校ともなれば、修士号や博士号を持っている人も少なくありません。

翻って日本の実情を見ると、博士号はおろか、修士号を持っている幹部すらわずかしかいない状況です。この組織としての在り方には非常に疑問を覚えます。また幹部は非常に忙しく、自己研鑽の場を持つ余裕もない。私自身も現役のころは仕事に明け暮れ、なかなかゆっくりと机に座る時間もありませんでした。そこでせっかく空いた時間があるのなら、自衛隊生活で欠けている部分をそこで涵養し、自分を高めていくことが、まわりまわって自分や企業、ひいては社会のためになるはずだと考えました」

そのような考えから、織田氏は顧問としての業務と並行して、これまでの考えをまとめ、したためる作業を始めた。新聞からWebメディア、宗教法人の機関紙、あらゆる媒体で自分の考えを述べ続けた。その活動は現在も続いており、2023年には『空から提言する日本の防衛』（ワニ・プラス）を上梓しているほか、織田氏の発信の一部は、インターネット上でも「織田邦男著作集」として確認することができる。

「『元将官』の肩書を利用して、自衛隊の後輩たちに圧力をかけたことはないのか」という意地悪な問いに対しては、明確に否定した。

「そういうことを求めている会社もゼロではないかもしれません。しかし、少なくとも三菱重工という会社は、レピュテーションリスクを非常に重視する会社でした。『OBを使って圧力をかけた』と思われる事態に陥ることは絶対に避けたいと考えており、再就職するうえで交わした契約書にも『営業活動はしてはならない』と明記してあったくらいです。ぜひ三菱重工以外の企業にも、徹底してほしいですね」

なお、顧問職としての再就職先は、河野氏の例でわかるように何も決して防衛産業だけではない。元将官の持つマネジメント能力、リーダーシップは人のいるところであればどこでだって生かすことができる。また、軍事と経済は密接に結びついており、諸外国の軍事の動向が、日本にも影響をもたらすことがある。たとえばロシアによるウクライナ侵攻は、日本にもエネルギーや原材料価格の高騰をもたらした。世界の軍事動向を解説できる存在というのは、企業にとっても極めて貴重な存在であるといえる。

防衛産業に再就職するOB、3つのパターン

ただ残念ながら複数の自衛官OBが話すのは、「高級幹部だからといって高尚な思いを抱き、企業のため、社会のために精進しようという人ばかりではない」ということだ。

70代のある元幹部は、防衛産業に再就職する人を次の三つに分類する。「一つ目は、

装備品や補給・調達などに精通していて、企業としても真の戦力としてほしい人。二つ目が、自衛隊とのお付き合いの観点から、仕事はしてもらわなくていいから『印』として迎え入れる人、三つ目はその中間に位置付けられる人」。

とくに時代をさかのぼるほど、顧問職に就く元高級幹部が担当する仕事はそう多くない傾向にあったようだ。「仕事といえば、自衛隊の高級幹部のところに会社の上層部があいさつに行くときの案内が主なもの。いてもいなくても会社としては大して変わらない」

「積極的に自分から仕事を探しにいこうと思ったことはなかった。会社に着いたらまず新聞を読む。何もすることがない日も少なくなかった」と振り返る元将官も確かにいた。

そしてそのような元将官たちの姿を、嫉妬や妬み、同情を持って見ている自衛官たちもいる。取材の中でも、准曹らを筆頭に「あの人たちは私と違い、何もしなくても高い給料をもらえますから」などという声は決して少なくはなかったし、逆に「何もしていない先輩の姿を見て、『将にまでなってこの第二の人生は……』と感じた。これも収入を得るための手段と割り切るしかないのかと思った」と話す声もあった。

織田氏は、「何もしない」と決めているような元高級幹部らに対し、極めて厳しい目を向ける。

「『自衛隊で頑張ったから、その後の処遇はご褒美だ』と考えるような人ほど、自衛隊でも大した仕事はしていなかったでしょう。自衛隊での生活を誠心誠意まっとうした後も、そこで得た知見や能力を社会に生かさなければいけませんし、それができる場を与えられているはずです」

複数の自衛官ＯＢいわく、自己評価と他者評価に乖離が起きやすいのも高級幹部にみられる傾向だという。

「ある元将官は私が勤める親会社での勤務期間を終えた際、子会社の顧問として再度勤務しました。その方はなかなか身を引かず、会社から辞めさせることもできず、相談役が私に『彼はいつまで続けるつもりなんでしょうか？』と相談してきたことも。本人は自信にあふれているのですが、周囲は決して評価していないのです」

もっとも、人口減少に伴う人手不足の進行や防衛関連企業の撤退が相次いでいることにみられる苦しい経営状況もある。いまも防衛産業で勤務している元将官は話す。

「何もせずに給料をもらえていた時代はもう終わりました。いまは、自衛隊で得た知識や経験を相応に会社に生かすことが求められています」

さらに言えば、「企業からすぐにお声がかかる」という状況も、少しずつ変化しているようだ。中には再就職先が見つからないまま退官の日を迎えた高級幹部もいるという。

人事に携わるある現役自衛官は、「将官になる人物には、そのような厳しい現実も理解することが求められます。とりわけ将官にとって、再就職は『最後の人事評価』。『将官だから引く手あまた』では決してないのです」と言う。

防衛産業においても、1佐クラスになると、将官よりもさらに即戦力として求められるケースが増える。大手防衛企業に現役で勤務している柳慎太郎氏（仮名）もまた、その一人だ。柳氏は陸上自衛隊で普通科職種の幹部として勤務した後、1佐（56歳）で退官した。

なお、自衛官の退官日は「誕生日」だが、ここでいう誕生日とはあくまで法律上の誕生日を指す。つまり、4月1日生まれの人は法律的には3月31日に誕生日を迎えることになり、自衛官の場合もその考え方に従って3月31日退官となる。

家業の継承準備や高齢になった親への心配などから、居住場所に制限の多い防災関係職員以外で、関東での仕事を希望していた柳氏。定年の少し前から援護担当者にそんな希望を伝えていたところ、ある日「こんな話が来ています。いかがでしょうか」と告げられた。

話を聞くと、かつて装備品の設計や開発、運用に携わった際に、議論を交わした企業からのお誘いだった。自衛隊生活で計19回に及んだ異動にも「命じられるままに応じていた」という柳氏は、「紹介してくれるところに行こうとは思っていましたが、かつて自分がかかわった仕事に関係した会社に再就職できるとは想像していませんでした。本当にラッキーでした」と振り返る。

仕事の内容は、かつて開発・運用に携わった装備品の後継品の開発だ。現時点で開発途中のためその詳細を語ることはできないが、未来の戦闘の形を考えながら、そこで求められる性能を考え、開発していくプロセスにはやりがいを感じている。

年収も現職時代よりは下がったものの、決して悪くはない。在職時に課せられていた即応性保持のための居場所制限や、部下に対する心身を含めたマネジメント、度重なる転勤からの解放。「退職からしばらくは、自由になった喜びを噛み締めていました」と話す。いまは、自衛官時代よりもさらに大きな視点から物事を考えるようになったという。

「最初こそ自由を謳歌していましたが、しばらく経つと、『いまの自分があるのは自衛隊のおかげ。そんな自衛隊に何か恩返しがしたい』と考えるようになり、そのうちに、『私が自衛官として過ごした経験は、自衛隊のためにのみあるわけではない』と思うようにもなりました。

自分はあと数十年もすれば、この世からはいなくなります。でも、『日本』は私がいなくなった後も続いていきます。自分を主語にするのではなく、もっと大きな視点、長い時間軸で物事を考え、一つでも日本のためになることをしたいと考えています」

「数字がすべて」……再就職先で見えた「民間の現実」

また防衛産業でも、企業からの指名によらず自衛隊の援護を受けて再就職するケースももちろん多い。

花岡芳孝氏は定年時特別昇任で空将補として56歳で退職し、防衛装備品の維持管理を主な業務とする防衛大手企業の子会社に再就職した。子会社といっても、自衛隊ＯＢが

60人ほどいる、それなりの規模の企業だ。

なおここで補足しておくと、「定年時特別昇任」というのは、「定年の日にだけ1階級昇進できる」という制度を指す。かつては退職金も退職時の階級に合わせられていたが、「1日だけの昇進でなぜ退職金まで増加するのか」との批判を呼んだことから、現在は〝昇任の名誉〟のみが与えられる形となっている。

この定年時特別昇任は誰もが叶うわけではなく、その条件としては「退職時の階級において、昇任期間の1・5倍以上の期間を勤務していること」「退職時の階級における人事評価の結果その他の事情を考慮した勤務成績が優良であること」といった事項が挙げられる。再就職先についても、退職時ではなく在職時の階級に合わせて紹介されることになる。

花岡氏の場合「1佐向けの職」を紹介されたことになる。

花岡氏は、最初の3年間を「営業本部長付」、次の3年間を「取締役営業本部副本部長」、最後の1年間を「顧問」として過ごした。

当初求められていた仕事内容は、「自衛隊の装備品調達情報等早期入手と自衛隊と会社との関係をよい関係で維持発展させること」。ただし、現状のままでは今後それほど売り上げが伸びていく展望が見えなかったことから、民間取引先の新規開拓や、ロボットなどに関する新規事業を展開することになった。

これまで接点のなかった民間企業や研究機関などに対しての営業活動はやりがいはあったが、その一方でやりたい分野ではほぼすべてのところですでに先行している会社があり、食い込むことは難しかった。多額のお金を投じて開発しても、契約はなかなか取れない。そのような現実に営業の難しさを痛感した。

とくに悔しかったのは、民需で開発した機材の自衛隊への導入を目指した事業が、官側の諸事情によって、あと一歩のところでとん挫したことだ。

「悔しくて悔しくて、自衛隊生活を含めても、これほど打ちのめされたことは人生ではじめてでした」

30年以上の自衛隊生活から営業職への転身には、カルチャーショックも感じたという。

「自衛隊は、万が一の有事のためにひたすら教育訓練を続ける組織です。努力の結果、成果がすぐに表れなかったとしても、その努力自体は評価されます。一方で民間は数字がすべて。毎週数字を確認し、どれだけ努力していても数字で結果が出なければ評価はされません。知識ではわかっていましたが、いざ現実となるとやはり衝撃を受けました。自衛隊時代は『公に尽くす』『人を育てる』といった情熱を燃やせる目標がありましたが、再就職先ではひたすら数字を追いかける毎日。不満を抱いていたわけではありませんが、『みんな毎年必ず右肩上がりに設定された数字を追いかけていて、心からの喜びはあるんだろうか』との思いは常にありました。営業活動も人生で貴重な1ページでしたが、自衛隊と比べると、私にとってはやりがいは雲泥の差でした」

ただし、このような思いは持っていても、「順応するのに苦労はなかった」と話す。自衛官時代の19回に及ぶ転勤を経験したからだ。「幹部自衛官であればとくに構えなくても、普通に仕事をしさえすれば、民間でもそれなりに仕事はできるはず」と話す。

元自衛官というだけで学界から疎まれた時代も

元高級幹部の中には、大学で教鞭を執っている人もいる。現在80代の自衛官ＯＢによると、「かつては『元自衛官』というだけで学界から白眼視され、身分としても講師が精いっぱいの時代があった」というが、現在は講師から教授、客員教授まで幅広く存在している。大学職員の肩書を持ち、よくメディアに出てくる自衛官OBといえば、元海将の金沢工業大学院虎ノ門大学院教授の伊藤俊幸氏などであろう。珍しいところで言えば、元陸将の山下裕貴氏は千葉科学大学などで客員教授を務める傍ら、2020年には小説家としてもデビューしている。

先に紹介した織田氏も、東洋学園大学客員教授を経て現在は麗澤大学の特別教授となっている。大学で教鞭をとることになったのも、ひょんな縁からだった。東洋学園大客員教授を務めていた元陸上幕僚長の冨澤暉氏に「自分の後任として引き継いでもらいたい」と請われたのだ。当時まだ織田氏は三菱重工に在籍中だったが、社に相談したところ快諾。自分が大学で教鞭を執ることなど想像したことすらなかった織田氏だが、「中途半端なことはできない」と、1年間の猶予を要請。自分の知識をどのように学生たちに伝えるべきか、その一念で授業内容を練り上げた。当初は国際関係論の授業を行っていたが、いつの間にか安全保障やリスクマネジメント、リーダーシップ論と多様な授業を受け持つことになり、身分も非常勤講師から客員教授に格上げされた。

70歳の誕生日を迎えたことで退任となったが、今度は麗澤大学からお呼びがかかった。はじめに教えたのはやはり安全保障について。1～4年生を対象とした選択科目で、最大定員70人のところ、聴講を希望する学生が押し寄せたために、授業は抽選になった。「安全保障に関心を持つ若者が多いとわかり、非常に嬉しかった」と振り返る。授業では「絶対に学生を寝かせない」と決め、手を替え品を替え、学生の興味を引くために尽力している。

学生の反応も上々。核についての授業を行った後のアンケートでは、「核兵器は絶対悪だと思っていました。授業を聞いて、核によって平和が保たれている側面もあると知り、衝撃を受けました」といった意見も寄せられたという。

「私は決してスカラー（研究者）ではありません。あくまで実務者の観点で見たすべてを、学生に伝えることが私のレゾンデートル（存在意義）なのだと理解しています。日本のいわゆる〝有識者〟が語る安全保障の議論には、軍事的観点がすっぽりと抜け落ちている。それを少しでも変えたいと強く思っているのです。学生には、『私の言うことにすべて賛同しろ』と言っているわけではありません。私の意見とは違っていたとしても、安全保障の基礎知識を学び、自分の頭で考えることを評価しています。知識を得ることではじめて、日本を取り巻く安全保障のいびつさが見えてきます。そうやって日本のいまに違和感を持つ人が増えていけば、日本全体がよくなるはずだと信じています」

「ノブレス・オブリージュ」という言葉がある。「高い社会的地位には義務が伴う」ことを意味する。19世紀のフランスで生まれた言葉だが、その言葉に含まれた概念自体は昔から脈々と受け継がれてきたものと言えるだろう。筆者が防衛大学校在校中、叩き込まれた価値観の一つでもある。

いまの日本では、国防に関心を寄せない人たちも決して少なくはない。そんな中でも「正しい軍事の在り方を発信することこそが自分に課せられた使命だ」と発信し続けている自衛隊ＯＢの姿を見るとき、筆者は「ノブレス・オブリージュ」を思い出す。

たとえ制服を脱いだとしても、日本の向かうべき未来のために、いま置かれた立場の中で己の持てる武器を掲げ続ける人たちがいるのである。

第二章

「防災」の仕事に就いた元自衛官たち

近年注目が集まる防災監

第一章では、「高級幹部」と呼ばれる方たちの例を紹介した。だが、彼らのような人生は、自衛官全体からしてみれば「ごく少数のエリートだけが経験できるもの」。二章以降は、さらに広範囲に自衛官の第二の人生を追っていこう。

近年自衛官の採用が目立って増えてきたのは、地方自治体の防災部局のポストだ。幹部であれば「防災監」「危機管理監」といった名称で、災害対応や防災訓練の立案などに当たることが求められる。ここでは便宜上、断りがなければ「防災監」で統一して進めたい。

大きな災害が起こったときに、自衛隊が被災地で活動している様子をニュースで目にしたことがある人も多いだろう。とくに阪神・淡路大震災以降は大きく注目を集め、東日本大震災での活動はさかんに報じられた。自衛隊の門を叩く若者の中にも、「災害派遣で活動している自衛隊の姿を見て憧れを持った」と話す者の割合が大きく増えた。

自衛隊員が派遣されるのは、何も大きな災害ばかりではない。風水害対応のほかにも豚コレラや山林火災、遭難などの事態でも駆り出される場合がある。「災害大国」日本において、自衛隊の活動に期待する自治体は数多い。そこで自治体としても、災害派遣の経験を持つなどし、いざ災害が起きた際には自衛隊との窓口となる元自衛官を雇用するケースが増えている。自衛隊側も、元自衛官の経験を十分に生かすことができるうえ、給与水準もまずまず高い防災監への雇用を積極的に推進しており、まさにWin-Winの関係と言える。

現在は全国すべての都道府県で自衛隊出身の防災監が活躍しており、その数は2022年時点で実に600人を超える。在籍人数が群を抜いて多いのは北海道で、同年時点で84人が在籍している。地方別に見ると、人口の多さも影響してか関東に多いほか、自衛隊への感情がとくによい九州でも多い傾向にある。目立って少ないのは北陸3県だ。

自治体の防災を担った中で非常にうまくいったケースの一つが、熊本県で防災特別顧問を務める有浦隆氏だろう。有浦氏は1981年に防衛大学校を卒業し、陸上自衛隊に入隊。普通科連隊長を経て2014年に56歳・1佐で退官した。同年4月に熊本県危機管理防災企画官、2019年より危機管理防災特別顧問の任に就いた。もともと有浦氏は、防災監の仕事を希望していたわけではなかった。北九州に自宅があることから、「福岡県内での再就職」のみを条件として挙げたが、その気持ちは民間企業に傾いていた。

そんな中で紹介されたのが、熊本県の防災監だった。北九州から熊本へはとても通える距離ではなく、防災監ともなれば、自衛隊と同じような居住制限なども発生する。返事を渋る有浦氏に防大時代の上級生であり、その後も度々机を並べた番匠幸一郎西部方面総監（当時）が直々に依頼。「もう断れるわけがない」と覚悟を決めた。

防災企画官として着任した有浦氏を迎えたのは、鳥インフルエンザの試練だった。2014年4月14日、多良木町の鶏飼養農場で死亡した鶏から、鳥インフルエンザH5型が検出された。殺処分の対象は計約11万2000羽に及び、「とても自治体では処理しきれない」と、県は自衛隊に災害派遣要請を行った。

着任からわずか2週間しか経っていない有浦氏のもとを訪れた蒲島郁夫知事は、「72時間以内に収束させてください」と指示を出した。

そこで現場に行ってみると、全員が同じ防護服に身を包み、誰が誰なのか判別できない状態だった。指示系統も不明瞭かつ、やるべきことの優先順位も付けられていない。

現場は混乱していた。そこで、災害派遣要請を受けて駆け付けた自衛官に対し、有浦氏自ら指揮を執ることとした。

有浦氏の獅子奮迅の活躍もあり、この時はなんとか71時間50分で収めることができた。「それまで『着任したばかりの元自衛官に何ができるのか』と思っていたであろう職員も、『本当に72時間で収束させた』と見方を変えてくれました」と振り返る。

次に鳥インフルエンザが起こったときには、知事から「前回の半分、36時間で収束させてくれないか」と要望を受けた。偶然にも、現場の指揮を執っているのが旧知の2佐だったこともあり、自衛隊と連携してそれまでの対応要領を修正し、体制も変更した。指揮系統も明確になり、結果として36時間以内に収束させることができた。

着実な成果を重ねたことで、庁内の信頼を集めた有浦氏。また、「熊本」という土地柄もプラスに働いた。熊本は明治以降、「軍都」として発展してきた。市内には「健軍自衛隊通り」との名称がついた通りがあり、桜の名所として市民に親しまれている。そのように軍事との結びつきが強い土地だからこそ、「自衛隊というだけで、人々にリスペクトしてもらえる」と話す。

〝即応体制〟に大きな差が

もちろん有浦氏自身が努力を重ねたことも、言うまでもない。防災監として最も重要なことは何かと聞いたとき、「まずは職員になること」と回答を寄せた。

「自衛隊には自衛隊の、行政には行政のやり方があります。自衛隊の基準から見て、『もっとこうしたほうがいいんじゃないか』と思うことがあっても、いたずらに口を出すことがよい結果に結びつくとは限りません。言いたいことがあってもぐっと我慢し、口に出すのは言いたいことの2、3割にとどめる。自分の意見を押し付けるのではなく、自分自身がチームの一員となり、チームとして最もよい結果を出すためには何をすべきか、あるいは何をすべきでないか、を判断することが重要なのです」

たとえば自衛隊と行政の間で大きな違いを感じたのは、即応体制の有無だ。自衛隊では、何か起きたときにすぐ対応することができる「即応体制」を大事にする。モノは定められた位置に整頓することが求められ、たとえば銃を分解して整備するときも、その手順や部品を置く位置は決まっている。それは真っ暗な闇の中でも対応できるようにするためであり、隊員に何か異常が起きた際、別の隊員であっても遅滞なく行動を起こせるようにするためでもある。

ところが行政というのは基本的には平時の組織であり、有事の発想に乏しい。

「たとえば庁内で訓練をするとします。自衛隊の感覚で言えば、片付けが終わるまでが訓練です。状況が終了してからその5分後に『もう一度訓練をするぞ』と言ってもまったく同じようにできなければ意味がないのです。ところが、庁内では訓練が終わったことをもって『終了』とみなす人が多い。これに関しては、意識を変える必要性を口酸っぱく説き続けました。ただ、行政というのは頻繁に人が入れ替わる組織です。意識を庁内全体に浸透させるのは並大抵のことではないと感じました」

新しく入った職員に対し防災教育を行わないことにも疑問を呈し、防災教育を始めた。「難しい話をしても誰も聞かない」という経験から、話に緩急を付け、熊本だけにマスコットキャラクター「くまモン」を資料に登場させるなど、とにかく印象に残る話を心がけた。災害マニュアルも一新。それまであちこちに点在していた情報を一つにまとめ、「それを読めば誰でもある程度同じ動きができる」状態になるよう整備した。

県の人間として、地元を愛するための小さな努力も重ねた。

「自衛隊時代から、私は『仕事を愛し、人を愛し、地域を愛す』とのモットーを掲げてきました」と語る有浦氏は地名の読み方一つおろそかにしない。

「地元以外の人間からするとささいな違いかもしれませんが、自分たちの住む町の名前を間違える人間を、地元の住民は信用してはくれません」

熊本地震発生時「仕事をやめろ！」と叫んだ理由

そんな努力を重ねている最中に、熊本県を未曾有の大地震が襲った。２０１６年４月14日以降、立て続けに大きな揺れが発生し、関連死を含め２７３人の尊い命が失われた。

地震発生からほどなく、蒲島知事は「これ以降はすべて有浦企画官に任せなさい」と命令。有浦氏も、「知事は国とやり取りして、必要な予算や物資を確保するという大きな役割がある。すべてを任せてもらえたことはありがたかった」と振り返る。

有浦氏は地震発生後すぐ、県や市、自衛隊や県警、国土交通省などの関係機関で構成する「活動調整会議」の実施を提案。10階の防災センターに設置された災害対策本部も、自分が指揮しやすく、必要な情報がすぐに入ってくる体制に変えた。自衛隊や警察、消防などの調整や、どの現場にどの部隊を投入するかといった人命救助にまつわる活動については、すべて有浦氏が指揮を執った。一方で報告の取りまとめや書類の準備・発行など、必要な行政事務については県職員に託した。

「一般の人たちの中には、『行政職員なら誰でも同じレベルの防災に対する意識や知恵を持っているのでは』と思う人もいるかもしれません。でもそれは違います。そもそも自衛官は『常在戦場』の高い危機意識を持つことが求められます。自衛官と同じレベルの意識を行政職員に求めるのは酷です。命を守る活動は私たちが、それ以外で市民の暮らしを支える活動は行政職員がやる。それが効率のいい作業だと考えました」

熊本地震の特徴は、14日夜に震度7の地震が発生した後、16日にもまた震度7の地震が発生した点だ。当初「本震」だと思われていた揺れが、後になって「前震」だと認定されたのだ。14日の揺れへの対処が少し落ち着きを見せ始めたころの本震に、庁内は騒然となった。そんなときにも有浦氏は「落ち着け！　一回仕事をやめろ」と一喝。混乱の中、余裕のない状態で的確な仕事ができるわけがない。幹部自衛官、普通科連隊長として隊員を率いてきた有浦氏だからこそできた指示だった。

何よりもスピードを重視する自衛隊と、その中でもルールを重視する行政だけに、ときには衝突することもあった。有浦氏は終始一貫、「その場で判断すること」を求め続けた。

「行政の悪い癖ですが、なんでも『一旦持ち帰って考えます』と言うのです。もういま出せる情報は出揃っているわけですから、いくら考えたって結論は同じはず。指揮官の仕事は決断すること。一旦持ち帰ろうとする役人や職員には、『いますぐ決めろ』と言いました。その一瞬の判断が、人の命にかかわるからです」

そんな有浦氏でも、「もっと東日本大震災の事例を研究しておけば、よりスムーズに罹災証明を出すなど、さまざまなことが迅速にできたはずだ」と振り返る。

自衛隊との窓口を担った有浦氏だが、ときには自衛隊への派遣要請を「しないように」庁内でお願いしたこともある。

「いまの自衛隊は任務が増える一方です。行政職員の中には、自衛隊を便利屋と勘違いし、災害ゴミの処理に至るまで『何かあれば自衛隊にお願いすればいい』と考える人も少なくありません。ですが自衛隊は、決して便利屋ではないのです。まず行政だけで対応できるかどうかをよく検討し、どうしても難しいとなった場合にはじめて自衛隊の出番が来るのです」

任期満了後も「まだ熊本にいてほしい」の声

さて、さまざまな功績を残した有浦氏は、２０１９年に特別顧問の地位につく。これも有浦氏の功績が認められ、知事から慰留されたからだ。そして防災企画官としては、また新たに定年したばかりの自衛官ＯＢが着任することも決まった。

再就職時に任期が決まっており、その後、同様のポストに後輩自衛官が再就職する場合、前任者の任期が延びることで人事に支障が出ることもある中、有浦氏のケースは後任に後輩の自衛官を迎え入れたうえで、自分の仕事ぶりが認められて新たな職務がつくられるという、自衛隊にとってのモデルケースにもなったと言えよう。有浦氏には許されなかった職員官舎の使用も、「それはおかしいのではないか」と言い続けたところ、2代目の防災企画官には認められた。

「援護を受けた者は、自分だけじゃなくて後輩のことも考えなければいけないのです。自分の働きが自衛官そのものの評価を左右することにもつながりかねません。私は道なき道にレールを敷き、決められた期間が来れば後進に道を明け渡すと決めてここまでやってきました」

当初、有浦氏自身は5年でその任を終え、自宅のある北九州に戻る心づもりを固めていた。しかし知事や副知事からは「まだ熊本にいてほしい」と慰留され、自宅で待つ妻も「知事にそこまで望まれていることは男の誉（ほまれ）」と有浦氏の背中を押した。「自分の仕事が評価されて次につながり、その次のポジションも後輩に引き継いでいくことができるなら、こんなに嬉しいことはありません」と話す。

熊本県では地震の影響もあり、防災関連部局の必要性への認識が高まったことで防災の職務に従事する職員も増えた。さらに2023年3月には、有浦氏が企画・構想した災害時の指令拠点となる「熊本県防災センター」が新たに完成。県の災害対応機能の強化を図るとともに、九州全域の広域防災拠点としての役割にも期待が寄せられている。また、住民らが熊本地震など過去の災害による被害状況や災害のメカニズムを学ぶことができる展示・学習室も設置された。

２０２４年3月、有浦氏は熊本を離れた。その確かな実績と、文章ではうまく伝えきれないほどの軽妙な語り口から、年間１００を超える講演を依頼されるという有浦氏。近年、能登でも講演したという有浦氏は、「さんざん警鐘を鳴らしたが、何も変わらなかった。もし適切な減災オペレーションが展開されていれば、犠牲者の数は減ったはず」と唇を噛む。そんな悔しさも胸に、今後も防災に携わり続けるつもりだ。

自衛官と地方自治体、防災意識のギャップと現実

防衛省・自衛隊は現在、定年前の自衛官に対する防災教育に注力している。防災部局への再就職を希望する1佐～1尉までの隊員に対し、約1か月間の防災・危機管理に関する専門教育を実施。現在は防災部局への再就職を希望する自衛官のほとんどが「地域

防災マネージャー」の資格を取得している。

ただし、防災部局への再就職に際しては「非常勤」で迎え入れられるケースも目立つ。自治体によってその理由は異なるだろうが、複数の行政関係者や自衛官が話すのは「常勤のポストを元自衛官に明け渡すのは、議会承認が得られない」という理由だ。

要するに、佐官の自衛官を常勤として迎え入れるには、それなりのクラスの役職が必要となる。それは生え抜きの行政職員にとって部長級や課長級の役職を外部の人間に一つ奪われることにつながる。職員の感情を逆なでするうえ、議会での手続きも面倒なため、なかなか進まないというわけだ。

その点、非常勤であれば「行政職員の職を奪ったわけではない」と説明がつくうえ、任命も簡単。何かあったときには、契約を解除することもたやすい。防衛省としては、自治体に元自衛官を常勤で雇用してもらうため、常勤で採用に至った場合には上限340万円の採用経費を交付しているが、なかなかうまくは進まない。

一般的な感覚では、自衛隊も自治体も「役所」であり、似たような存在だと思っている人も多いかもしれない。だが有浦氏のケースで見たように、決して同じではない。考え方が違う二つの勢力がぶつかる以上、意見を異にするケースも発生する。これはあくまで傾向だが、自衛隊への感情がよく、特に大きな災害を経験した自治体ほど、元自衛官に対する尊敬の念があり、関係性も良好であるようだ。

複数の防災部局関係者が語るのは、「やはりトップの意識が大きい」ということ。「トップの中には『うちは過去に災害が起きたことがない』『防災を押し出して観光に影響があると困る』などと本気で思っている人もいる。そうなると、訓練の練度も低いままで、いざ有事になってもリーダーが指揮できない」と指摘する。

そんな中で、「私は防災監としてまったくうまくいかなかったケースです」と話す人もいる。葛城雄太氏（仮名）は陸上自衛隊普通科で幹部自衛官としての任務をまっとうし、56歳・1佐で退官。「退職日には日本の『平和維持』＝『抑止力』としての任務を完遂できたという誇りと自信を胸に、自衛隊を去った」と振り返る。

葛城氏は退官後、自衛隊の援護を受け、過去にそれほど大きな災害を経験していない、地方の防災部局に課長級として迎え入れられた。当初は東京での再就職を考えていたが、援護の担当者からの勧めに応じ、非常勤の防災監の仕事を受けた。

「私たちには、『再就職は最終補職だ』という思いがあります。現役時代も命令のままに従っただけで、それは再就職先であっても同じだと考えていました。防災監を提示されたとき、最初は『また自衛官時代のような責任が重く、制限もある仕事が続くのか』との考えが頭をもたげたことも事実です。ただし、防災部局の管理職は誰でも紹介してもらえるような簡単な職ではありませんから、『自衛官として及第点はもらえたのかな』と嬉しくもありました。防災職は給料がいいことでも知られていたし、『まぁ、防災監でもいいか』というくらいの思いで受諾することを決めたのです。」

ただし、着任するころにはすっかり心を切り替えた。常勤であろうが非常勤であろうが、「今度は自衛隊よりもさらに国民に身近な存在として、地域を守っていくんだ」と、極めて前向きな気持ちで役所に足を踏み入れた。

しかし、すぐに大きな壁にぶつかった。

「職員は、首長や議員の顔色をうかがい、マスコミ対策ばかりに神経をとがらせていました。本気で『住民の命を守ろう』という気概が私にはあまり感じられなかった。中には威勢のいいことを言う職員もいましたが、そんな職員は少数派だし、力を持っていない。とにもかくにも自衛隊とは文化が違う。『行政とはここまで危機意識が薄いものなのか……』と愕然としました」

葛城氏は、行政と自衛隊の違いをこう振り返る。

「行政としては、『いつ起こるかわからない災害のために人材を多く割くわけにいかない』というのが本音のようでした。また自衛隊の場合は、状況に応じて柔軟に対応して任務を完遂することは至極当たり前の話ですが、自治体行政の場合は、その点においてもやや異なります。自治体の行政は、広範、多岐、多様にわたり、かつ住民という特性の異なる個人を相手としていますから、少々の状況の変化があったとしても、臨機応変な修正が困難なのです。また修正する場合にも、自衛隊では指揮官の状況判断に基づき命令を下すことができますが、自治体の場合は、住民の意識やニーズと首長の意向を踏まえ、議会の決定が必要となるなど、相当な時間と知恵を要します」

葛城氏は自衛隊時代、常在戦場を意識し、常に将来の有事を見越したうえで「いま準備できることはいま準備する」ことを心がけてきた。一方で行政職員としては、「合規、適正、公正、平等」が何より重要であり、「将来の備え」よりも「現状の維持」が優先されていると感じていた。

普段の任務は、自衛隊在職時に比べて格段に楽なものだった。防災訓練の企画・実行が主な役割で、給料ほどの働きをしているとはとても思えなかった。ならば住民のためにできることをと思い、防災体制の充実を訴えても、庁内は一向に動かなかった。「何かあったら自衛隊が助けてくれる」と考えているのは明らかだった。葛城氏が訴えれば訴えるほど、その思いや行動は空回りしていった。

たとえば、防災部署の職員に対し、自衛隊に対する理解を深めるため、自衛隊の「戦術」思考に基づく「指揮官の決心（判断）」と決心を支える「情報活動」について職員教育を実施した。具体的には、南海トラフ地震で甚大な被害を受けたと想定し、必要な情報が集まりきっていない中でも知事は決めるべき時期に決めるべき事項を決めなくてはならないこと、その知事の判断を補佐するのが防災部署の責務であることなどを切々と説いた。ただ、「その思いはあまり理解されなかったようだ」と振り返る。

「私が何を言っても、行政職員から返ってきた答えは、『それは自衛隊の考えですよね。私どもはそういう考え方はしておりません』『それでは被災者に対する自治体としての対応に濃淡が生じてしまいます』とのことでした。マニュアル化できない対応を前提とするのは難しいというのが役所の考えです。

もちろん災害対応であってもマニュアルをつくることは効果的ですが、現実の行動で『作戦通りに事が運ぶ』ことはまずありません。指揮官は、その場の状況に合わせて判断することが求められます。組織の違い云々を議論したいわけではなく、有事か平時かの視点の違いなのだと説明しても、腑には落ちなかったようです」

このような状況では関係性が深まることもなく、いざ有事となった際には、ただお互いに見つめ合う時間ばかりが過ぎていった。

自衛隊は「町の便利屋」じゃない

行政職員が自衛隊に向ける目にも、葛城氏は不満を募らせていた。

「多くの行政職員は、自衛隊を『町の便利屋』としか考えていません。そのくせ、自衛隊を恐れてもいる。『自衛隊は何をしでかす組織かわからない』と認識されていると感じました。要は、自衛隊は猛獣で、私はその猛獣使いの役割を仰せつかったというわけです。災害が起きたとき、もし県が自衛隊に災害派遣要請を出すのが遅れたら、マスコミや住民から締め上げを食らいます。行政はそうならないように、すぐに自衛隊と連絡が取ることができる人間がほしかっただけなんだと、いろいろなところで痛感しました」

葛城氏は、自治体の危機感のなさや防災体制の在り方を嘆く。

「自治体というのは、その自治体が一つの〝国〟になっています。これを痛感したのが、入庁してすぐ、災害対策の拠点となる部屋に入ったときのことです。見たこともない島の大きな白地図が掲げられており、『これはどこの島ですか』と聞いたところ、『何言ってるんですか。ここ（県の名前）の地図ですよ』と言うわけです。

なぜ私が〝島〟だと思ったのかというと、その地図の周りが空白になっていたからです。大規模災害が起きたとき、その被害は複数の県にまたがると考えるほうが自然です。仮に自県のみで起こったとしても、物流を考えれば隣接府県を空白にする理由が見当たりません。「生活、仕事、人生」そのものが当該県にのみ終始していると感じました。

実際に弊害もありました。あるとき隣接する県で災害が起こり、支援物資を届ける輸送ルートを確認したとき、『県内のルートはわかるが、県外のルートはわからない』と言われてしまったんです。平素からつながりを持ち、ちょっと確認すればすぐにわかるはずのこと。それを『できない』と言うのはおかしいのではないでしょうか」

多くの自治体は、自衛官のよさを生かしきれていないと葛城氏は指摘する。

「自衛隊が活躍するのは日本全体。そこに切れ目はありません。自治体職員と自衛官は、地域の『焦点』と『範囲』の見積もりにおいて根本的な考え方の違いがあります。これが、それぞれの『価値観の差』＝『認識の差』を生じているように感じます。自分の自治体のみにしか目を向けていない状況は、とてもではないですが十分とはいえません。

自衛隊はネットワークも強いんです。全国にいる防災監とも簡単につながることができます。顔を知らなくても、『自衛隊にいた葛城です』と言うと、『おうどうした』と応じてもらえる。『あのときどうしましたか』と聞けば、『ちょっと待て。資料を送ってやる』と言ってもらえる。そして、幹部自衛官には目的のために戦術を立て、組織を統率する力がある。その強みを生かしきれない環境は非常に残念です」

自治体としてのあるべき姿を唱え続けた葛城氏は、庁内で孤立した。時折、葛城氏に賛同してくれる職員が現れることにはやりがいと希望を感じたが、庁内の空気を変えるまでには至らなかった。

「私との関係が県のほうから伝えられたのでしょう、自衛隊からも、『もう少しおとなしくできませんか』と苦言を呈されました。契約では、任期は最短3年で最長5年、うまくいけばその後1年ずつ契約更新するという話でした。私は3年で終わりです。職員からは『あなたのやり方にはついていけません』とはっきりと言われました」

葛城氏は、自衛隊の援護の体制にも不満を漏らす。

「いまの自衛隊は、『空いたところに人をどう当てはめるか』というパズルでしか援護を考えていません。自衛隊には目的を達成するための戦略と戦術の重要性がしみ込んでいるはずなのに、いまの援護は『自衛官に有意義な第二の人生を歩ませること』ではなく、『再就職させること』が目的になってしまっています。真に自衛官のことを思うならば、援護についても戦略を持って実施するべきでしょう」

先に紹介した有浦氏も、援護についてはまだまだ改良の余地があると話す。

「自治体に最初に入った自衛官と自治体の相性が悪ければ、その後もなかなか自衛隊と行政の関係性がスムーズにいかなくなります。また自衛官としても、いくら防災教育を受けたとはいえ、勝手の違う組織に放り込まれると勝手がわからず戸惑うこともあります。そこで、まだ自衛官がいないところや、関係性を構築している途上の自治体にはまず非常勤で、ほかの自治体での勤務経験があるベテランを送り込み、市町村が『自衛官は必要だ』と思わせることが大事なのではないでしょうか。

そしてそのベテランが退任するときに、自衛隊を出たばかりの人材を新しく防災監として正規で雇用する。ベテランは私のように特別顧問のような地位につき、やってきたばかりの自衛官を指導する。そうすれば、自治体としてもまず実績のある人材が来るという安心感が持てるうえ、入ってきたばかりの自衛官にはベテランが指導してくれるので立ち上がりも楽です。自衛官にとっても雇用の枠が広がります。

いまこのようなサイクルを実現できていないのは『61歳以上の自衛官には援護はしない』と決まっているからです。制度は柔軟に運用すべきだと私は思います」

防災ヘリで命を救う

防災監以外でも「国民の命を守る」ために奮闘し続けている人たちがいる。再就職をするにあたり、自衛官時代に培った経験が間接的に生きることはあっても、〝そのまま直接〟再就職先に生かすことができる例は、それほど多くはない。銃を撃った経験やレーダーを監視し続けた経験がそのまま生きる職業、と考えてもまずピンとこないだろう。そんな中で谷村美智男氏は、自衛隊で得たヘリコプターのパイロットとしての識能を再就職先で生かした数少ない一人だ。

岩手県生まれの谷村氏は高校卒業後、航空自衛隊の航空学生として自衛官人生をスタートさせた。航空学生は、空自では受験資格が18歳以上21歳未満に限られており、最短で23歳でパイロットの資格が取れることなどから、人気の高い進路の一つだ。航空学生になれば全員が山口県の防府北基地において、まずは2年間の基礎教育をみっちりと受ける。卒業と同時に3曹に昇進し、その後飛行準備課程、初級操縦課程、基本操縦課程を経てようやく事業用操縦士の国家資格を得て一人前のパイロットとなれる。

「自衛隊がどういうところなのかもあまりよくわかっていないまま、甘い言葉に誘われて航空学生として入りました。ただ集団生活が本当にしんどくて、最初は『だまされた！』と思うこともしょっちゅうありました」

そんな教育期間を経て、谷村氏は救難ヘリの部隊に配属された。自衛隊生活の中でもとりわけ思い入れが深いのは2011年の東日本大震災のオペレーション。司令部で救難機のオペレーションを担当した。松島基地の水没や輻輳（ふくそう）した状況下でのリアス式海岸上空の低空飛行、陸自ヘリによる東京電力福島第1原子力発電所への放水など、予測もしていなかった事態が次々に発生したが、二次災害が起きぬよう細心の注意を払いながら、なんとか任務を遂行した。

谷村氏は2018年、55歳・2佐（定年時特別昇任）で退官。再就職先の希望は特になく、「ほかの先輩や同期らを見る限り、損保会社あたりが順当かな」と思っていたところに、たまたまパイロットの求人が舞い込んだ。損保会社でもすでに面接まで進んでいたが、「パイロットを続けられるなら」と断りを入れた。

谷村氏を受け入れてくれたのは、静岡県にある「静岡エアコミュータ」だった。同社は1991年、静岡県ではじめての航空事業会社として創業し、以降防災ヘリ・ドクターヘリの運航や飛行訓練、ヘリコプター整備などを行っている。

実は、自衛隊出身のパイロットが民間企業のパイロットに転身する事例はあるが、そのほとんどは中途で自衛隊を辞めたパイロットであり、定年退官者はかなり少ない。企業としてもなるべく長く空を飛べるパイロットがほしいことから、定年退官者にはあまり目が向いてこなかったのだ。そんな中で静岡エアコミュータでは、自衛官の退官者が経営に携わるようになったことから、あえて「定年退官者を雇用する」と決めた。

その背景には、ヘリコプター業界の人員不足も影響している。「パイロット」と言えばいまも昔も非常に人気が高い職の一つだが、ヘリコプター業界ではパイロットの不足にあえいでいるのだ。その大きな理由が、搭乗機会の減少や高額な免許取得費にある。

そもそもパイロットを一人育成するには、多額の費用がかかる。そのため資金に余裕があるわけではない中小の民間企業では、新人を育成する余裕がない。そこでなるべく防災ヘリのパイロットに必要な「機長としてのフライト時間1000時間」を有した人材を求めるものの、そのような人材がそう市場に出回っているわけではない。それどころか、ドローンの登場など搭乗機会の減少によってどんどん少なくなってきている。

そこでヘリ業界が目を付けたのが、定年自衛官だ。国土交通省は2019年、定年退官した自衛隊パイロットの民間航空会社への再就職を促すため、それまで入社前に自己負担で取得する必要のあった資格試験を、入社後に会社負担で受けられるようにすることなどを定めた。

ヘリ業界としても、本音を言えば決して「自衛隊の定年退官者が喉から手が出るほどほしい」というわけではない。ヘリの機種が違えばその資格を取得するための時間がかかる。そして定年退官者であれば、2・3佐退官と見積もっても雇用できるのは10年弱。ヘリ業界関係者は「若ければ若いほうがいいというのは本音」と声を揃える。

しかし、防災ヘリの搭乗資格を持つ人員が少ない現状では、定年退官者の雇用は苦渋の選択だといえる。それでも谷村氏は、「若くはなくても、一回定年退官者を雇用してみれば『案外、使える』と思ってもらえるはず。私自身も入隊したころ、定年した人はもう老人だと思っていましたが、意外とまだまだいけるもんです」と話す。今後さらに、ヘリ業界に定年退官者が増える可能性が高いだろう。

個人の判断か、組織の命令か……自衛官がぶつかる壁

ヘリの運航には資格が必要となるが、ヘリの資格は「等級」「型式」ごとに異なり、別の等級・型式の機体を運航するには新たな資格を取得する必要がある。谷村氏は機種の更新のタイミングで入社したため、入社後まずは丸1年、新しい機体の資格を取るための勉強を強いられた。「率直に言って大変でした。50代半ばにしてこんなに勉強することになるのかと思いました」と振り返る。

1年後、晴れて資格を取り、ようやく防災ヘリに搭乗できるようになった。2024年現在は「運航部長」の座に就き、防災機長のほか報道・ドクターヘリの統括、試験飛行、種々の社内の調整を行っている。「〝運航部長〟と言っても、雑用のほうが多いですけどね。なんでもやらされています」と谷村氏は笑う。

入社直後は、自衛隊との違いに戸惑うこともあった。自衛隊のヘリは〝一人で考えて一人で飛ぶ〟ことはまずない。命令を受け、常に監視を受けながら飛ぶことが通常だ。当然、何かが起これば、組織として対応にあたる。それが民間機では、すべて自分一人

の責任となる。自分が計画を立てて自分が飛び、何があっても自分で対応することが求められる。

ほかに戸惑ったのは、コスト意識だ。多くの自衛官に共通することとして、「コスト意識が乏しい（ない）」ことが挙げられる。「血税を無駄にしないように」という教育は受けるものの、自衛官には基本的に「お金を生み出す」経験もなければ、「生産性を高めよう」という発想もない。谷村氏も、「自衛隊では機体が故障したら整備員がすぐにパーツを交換してくれたが、民間に出てから航空機の部品一つひとつにこんなにお金がかかるのかを知り驚いた」と話す。谷村氏に限らず、ビジネスとして採算を取ることの重要性を、頭ではわかっていても実際に現場に出るまでその本質をわかっていなかった、と振り返る自衛官は多い。

また、組織の在り方にも入社当初は違和感を覚えていた。

「自衛隊では、基本的にみんなが同じ方向を向いています。ところが、民間企業では考え方が１８０度違う人間が隣の席にいることだって往々にしてあります。『多様性』と言えば聞こえはいいのですが、『命を守る』という大きな責任がある中で、はたしてチームがバラバラでいることは許されるのだろうかと、改めて考える機会になりました。しばらく一人で考えましたが、いくら考えても『安全を守るためには自衛隊も民間も関係ない』との結論にしか至りませんでした。自衛隊機であろうが民間機であろうが、私たちは人の命を預かるだけでなく、もし失敗すれば自分も命を落としてしまうわけです。いまでも常に、〝死〟は身近にあります。可能な限り誰かを救いたいですし、クルーは絶対に死なせられません。そこで安全を担保するため、全員が同じ方向を向くことの重要性を説くと、少しずつ受け入れてもらうことができました。そういう意味では、こと安全面に関しては組織を自衛隊の文化に近づけた形ですね」

命令ではなく「お願いベース」の指示に戸惑い

とはいえ、会社の運営や組織のマネジメントに唯一の正解はない。いまも頭を悩ませる日々だ。マネジメントについては、自衛隊時代より難しいと感じている。というのも、自衛隊で部下を動かすにはただ命令すればよかったところ、民間ではそうもいかないからだ。民間で部下を動かすには、個人個人の能力を見極め、命令ではなくお願いベースで話を進める必要がある。無理に動かそうとすれば、部下の心は離れていくばかりだ。

そんな谷村氏だが、企業やほかの従業員との関係性は良好だ。「自衛隊では、操縦者の一人にすぎない自分の意見がすぐに通るということはあまりありませんでしたが、ここでは数少ない操縦者の意見を尊重してくれる」と谷村氏は話す。相互に相手に対する敬意を持って接することで、着実に相乗効果が生まれている。谷村氏の入社以後、自衛官の採用が増えたというが、そこには少なからず谷村氏の活躍も影響している。

谷村氏が機長として活躍する「消防防災航空隊」は１９９７年に発足し、谷村氏ら静岡エアコミュータのパイロットと整備員、運航安全監理者に加え、静岡県と各市町村の消防本部から出向してきた隊員によって編成されている。実はこのように自治体の防災ヘリであっても、その運航・整備は民間の航空会社に委託されているケースが多い。民間企業も、国民の命を守るために人知れず奮闘しているのだ。

防災ヘリの出動は月数回程度。１年を通してみると、たとえば２０２０年度の出動件数は全部で53件で、その内訳は火災４件、救助33件、救急15件、その他１件となっている。富士山を有している静岡県では、富士山で遭難したり足をくじいて動けなくなったりといった通報も多い。とくに山開き直後などは通報が多い傾向がある。

富士山の飛行は、ヘリの操縦に慣れている谷村氏にとっても容易なものではない。ヘリは飛行機と違い、大気圧の影響を色濃く受ける。山頂に近づくにつれエンジンの出力は下がり、機内の酸素も薄くなっていく。

「富士山でのミッションはいつも身が引き締まる」と話す。

近年、富士山人気により登山客が増加し、それに伴って出動件数も増加している。富士山の安全は、防災航空隊によって守られているのだ。

消防隊員の育成にもやりがいを感じている。各市町村は3年持ち回りで人員を出向させているが、余裕人員がそういるわけではない。そこで隊員には、早期に立ち上がってもらう必要がある。「消防活動のプロ」ではあっても空を飛んだことはない消防隊員に、飛行のイロハを叩き込むのも谷村氏の仕事だ。訓練では海や山での遭難に火災現場、あらゆる状況を想定する。

谷村氏は、ともに働く消防官を高く評価する。

「皆自衛官と同じくらい、あるいはそれ以上に優秀だと感じています。彼らには目の前に救うべき命があり、かつ防災航空隊に所属していられる期間は3年間と決まっているので、『なるべく早く技術を吸収しなければならない』という覚悟を持ってやってきている。彼らとともに仕事ができることを、とても嬉しく、光栄に思っています」

谷村氏は、「自衛官としての経験が生かされなかった点はない。これまで自分が経験してきたすべてのことが、いま自分がここにいるためのステップだった」と話す。

「自衛隊にいるときから、私のメインミッションは『人命救助』でした。単に『ヘリに乗っていた』というだけでは、いまの職務をまっとうできたとは思いません。私が静岡エアコミュータに来たのは、ちょうど防災ヘリの機体更新時期でした。飛行班長として10年間部下を束ねた経験を生かし、ゼロから全国屈指の部隊に成長させることができました。さらに言えば、最初に航空学生として入隊し、つらい環境で『だまされた』と思いながらもなんとか皆と乗り越えたことすらも、自分の糧になっていると感じています。30年に及ぶ自衛隊の経験が結実したのです」

「ドローン」という新たな選択肢

日本の安全を、新たな技術を活用して守り続ける人もいる。それが一般社団法人日本UAS産業振興協議会（ＪＵＩＤＡ）参与の嶋本学氏だ。１９６５年生まれの嶋本氏は２０２２年、57歳・陸将補（定年時特別昇任）で退官を迎えた。

「ＪＵＩＤＡ」は東京大学名誉教授の鈴木真二氏を理事長とし、無人航空機、いわゆるドローンを含む次世代移動システム（Advanced Mobility Systems：ＡＭＳ）産業の振興を目的に２０１４年に発足。具体的な活動は、ドローンにかかわる国内外の最新動向や課題の周知、安全ガイドラインの策定、教育機関の認定など。ドローン運用のパイオニアとして、政府との対話や提言も積極的に行っている。

嶋本氏がドローンの存在を強く認識するようになったのは、２０１５年に起こった首相官邸ドローン落下事件だった。首相官邸の屋上にドローンを落とし、威力業務妨害罪などで逮捕された所有者の男は、ドローンを飛ばした理由を「反原発のため」と説明。テロを意図したものではなかったが、このドローン落下事件は政府関係者に少なくない衝撃を与え、ドローンの法整備が本格化する大きな原動力となった。嶋本氏もこの事件を受け、「そのときはドローンの必要性というよりも、危険性を感じた」という。

諸外国を見渡しても、2017年にはウクライナで世界最大の弾薬庫が爆破された事件でドローンの利用が疑われ、2018年にはベネズエラの軍事パレードで、大統領の演説時を狙ったマルチコプター型ドローンによる暗殺未遂事件が発生した。

そんな中で嶋本氏は、陸上自衛隊東部方面総監部情報部長として、防衛はもちろんのこと、防災にも活用できるドローンが持つ〝可能性〟にも着目し始めた。

たとえば首都直下型地震が起こったと仮定する。建物の倒壊、道路のひび割れや液状化などが起こると、車両を用いた場合には相当な到着の遅れが想定される。一方でドローンであれば、道路の被災状況にかかわらず、上空から迅速に情報を収集することができる。災害は、時間との戦いでもある。72時間が経過すると要救助者の生存率が著しく低下することが知られている。ドローンを使えば、迅速に、かつ二次災害のリスクを著しく減らしながら要救助者の有無を確認することができる。また、道が閉ざされ孤立した場合に、物資輸送でも大きな力となることが期待できる。

そう考えた嶋本氏は、自らが立役者となり2019年2月、陸上自衛隊東部方面隊としてJUIDAと災害時応援に関する協定を締結。陸上自衛隊が無人航空機事業者と災害時の協定を結んだ全国初の例となった。

その後、自衛隊のドローン活用はゆっくりと進んでいった。2019年の浅間山の噴火時や山梨県のキャンプ場で行方不明になった小学1年生の女の子の捜索、台風19号など多岐にわたる場面でJUIDAにも協力を仰いだ。

「悲しい結末を減らすために」……国民保護の重要性

さまざまな場面で活用することで、ドローンの可能性を確信した嶋本氏だったが、とりわけ強く心に残っているのが、行方不明になった女児の捜索だ。この事案では警察や消防、自衛隊らのべ約1700人が必死に捜索を行ったがとうとう見つけることはできず、行方不明からおよそ2年7か月後、近くの山中で女児の骨が発見された。

「あの当時、できることはすべてやったという自負はあります。それでも、いまもなおふと思い出すことがあります。もし夜間でもはっきりと見えるドローンを導入できていたら……。人間の体温を感知できるドローンがあれば……。どうしてもそんな思いがぬぐえないのです。ドローンをもっと効果的に使うことができれば、こんな悲しい結末を減らせるかもしれない。その気持ちがあるからこそ、いま自分はここにいます」

退官にあたり、嶋本氏はさいたま市の危機管理部参事に就くことが決まった一方で、縁を深めたJUIDAからも参与としての声がかかった。そこで、平日日中はさいたま市の職員として勤務する一方で、それ以外の時間でドローン発展のために貢献していくことを決めた。危機管理部参事としては「市民の安全のために」と気持ちを奮い立たせ、自衛隊時代に培った渉外力や人脈を駆使しながら、自衛隊や警察との連携に注力した。

30余年、国防に思いを馳せてきたものの、市役所職員となったことではじめて、市民目線での国民保護の重要性を強く認識するようになった。

「たとえば、ウクライナを見てください。武力紛争が起きてからでは、住民が避難したくとも、まず思うようにはいきません。ウクライナのような大規模侵攻が起こる場合には、その兆候も明らかなはずであり、紛争が起こる前に避難をさせることが重要です。

しかし現実には、なかなか難しい。なぜなら、政府が国民保護活動を行う根拠となる『武力攻撃予測事態』の認定を早期に行うことが、かえって対象国を刺激し、エスカレーションを引き起こすことにつながりかねないためです。だからこそ自治体は、たとえそのような認定に至る前でも住民の避難を支援できる仕組みを考えることが必要なのだと思うようになりました。

さらに言えば、ウクライナでは多くの人たちが海外に逃れています。大規模侵攻が起きてしまえば、日本でも国内に真に安全な場所はないかもしれません。いまの日本の国民保護は『日本国内での移動』しか考えていませんが、国外避難も前提とした計画を作成することが、市民にとって重要なのではないかと思います」

市役所職員は嶋本氏を尊重してくれ、その関係性は決して悪くなかった。また私生活でも、長年の単身赴任生活にようやく終わりを告げ、ワークライフバランスも随分と改善した。激務が続いたために、自衛官時代にはなかなか目を向けることはできなかった母親に対しても、ようやく目を向けることができた。父の背中を追い、幹部自衛官の道を歩み始めた娘に対しても、退官して余裕が生まれたことで、違う見方ができるようになった。「退官してはじめて見えること、気づくことの中に重要な問題が含まれていることがわかりました」と振り返る。

ただ職場環境や人間関係、私生活の面では恵まれた一方で、心の奥底には「これでいいのか」という焦燥感がくすぶっていた。

というのも、市役所での業務量は自衛官時代の30分の1程度に減少。「いまの仕事は市民のためにも、家族のためにもなる。やめれば自衛隊に迷惑もかける」と気持ちを維持しようともしたが、焦燥感は膨らむばかりだった。

散々悩んだ挙句、嶋本氏はとうとう市役所を辞める決断をする。

「危機管理は重要な仕事ですし、個人的なことを言えば給与水準も高いです。ただ、『より人のためになる仕事か』『より将来の社会のためになる仕事か』という観点から考えたときに、ドローンの専門家として歩む道を決断しました。一度しかない人生ですから、やりたいことをやろうと決めたのです」

そして着任1年ほどで、職を辞することになった。かねてより嶋本氏に任せる業務の少なさを認識していた上司は、退任を申し出た嶋本氏に対し、反対するでも引き留めるでもなく、「(任せられる仕事がなく)申し訳なかった」と送り出してくれた。

引き継ぎ作業もスムーズに進んだ。埼玉地方本部の援護担当者は、当初こそ驚きを隠さなかったものの、すぐに嶋本氏の思いを受け入れ、後任を探してくれた。後任となったのが同じ釜の飯を食べた同期だったことも、引き継ぎをスムーズにした要因だ。お酒を酌み交わしながら、支障なく申し送りを行うことができた。

「仕事をしっかりこなす」は自衛隊の中も外も同じ

JUIDAでは、主に防衛・防災分野でのドローン運用を担い、ときには自衛隊へのドローンに関する指導も実施する。能登半島でもドローン関連企業を指揮・統括し、業界一丸となってドローンによる支援を行った。能登に集ったドローンメーカーの社員らも、「嶋本さんがいなければここまでの活動はできなかった」と激賞する。忙しくはあるが、やりがいを感じる日々だ。

嶋本氏は、自衛隊のドローン活用については「かなり遅れた状態にある」と警鐘を鳴らす。実際自衛隊はこれまで、ドローンの重要性をかなり低く見積もってきた。しかし、アルメニアとアゼルバイジャンによるナゴルノ・カラバフ紛争や、ロシアによるウクライナ侵攻においてドローンが大きな戦果を挙げたことで、その認識は変わりつつある。

極めて野心的な内容となった2022年12月の国家防衛戦略においては、ドローンを「部隊の構造や戦い方を根本的に一変させるゲーム・チェンジャーとなり得る」と明記。これまで保有を否定してきた攻撃型のドローンについてもその研究開発を進めるとした。偵察や攻撃、陽動など、多様な用途で用いられるドローンは、もはや現代戦においてはなくてはならない存在になっている。

「自衛隊、とくに陸自は人で構成されている組織なので、無人アセットにシフトするのはアイデンティティの喪失に近いものがあることは事実です。ただ、もうそこに向かっていかなければいけない時代が来ています。もしこの対応を怠れば、隊員の命も、国民の命も危険にさらすことになるのです」

ただ、筆者は民間のドローン関連の取材を行うこともあるが、ドローンを軍事用途で活用することに忌避感を覚えるドローン関係者は数多い。「ドローンは社会を便利にする道具。人を殺めるためには使ってほしくない」という論調だ。それでも嶋本氏は、『軍事』と『民間』をわけて考えるのではなく、日本を守っていくために何が必要なのかを、官と民が一緒になって考えていく必要がある。そして将来は、きっとそうなっていくはずだと信じています」と明るい未来を信じる。官と民の橋渡し役としても、嶋本学という存在は大きな役割を果たしてくれるはずだ。

「自衛官時代にドローンを扱っていたとはいえ、定年退官後にこのような仕事に就くとは、考えたこともありませんでした。現役時代に自分の仕事としっかり向き合うことで、道が開けていくこともある。もちろん、私のような例は決して多くはないかもしれません。ですが、『仕事をしっかり遂行する』という心構えや行動は、第二の人生だろうとさらにその次の人生だろうと、どこでも変わらず必要なことのはずです」

第三章

「元自衛官」に向く仕事とは

元自衛官＝警備員というイメージ

自衛官の再就職先のバリエーションはそれなりに豊富だ。防衛省のホームページで公表されている「過去3か月間の就職先」を見ても、2022年4月から6月にかけての定年自衛官114人の再就職先は防衛関連企業、自治体、保険会社、警備会社、物流会社、学校法人、病院、海運会社、農協、食品会社、ホテル、鉄道会社、高速道路協会、銀行、タクシー会社、検査会社、工場などさまざまな業界・業種が含まれていることがわかる。

ただ再就職先はバラエティに富んでいるとはいえど、多少の偏りもある。援護協会によると退官者の再就職先（2021年度、将官を除く）を業界別に見ると、「サービス業」が最も多く48・8％、「運輸・通信・電気・ガス・水道業」16・8％、「製造業」10・2％、「金融・保険・不動産業」8・2％、「建設業」6・6％、「卸売・小売業」4・5％、「公務、団体」3・8％、「農林・水産・鉱業」1・1％と続く。任期制の隊員と比較すると、「サービス」分野で多く、「製造業」で少ないのが目立つ。

「自衛官の再就職先」と聞いてイメージしがちな職種としては、おそらく「警備員」や「運転手」なのではないだろうか。そしてその想像通り、これらの職に就く人たちは多い（なお、警備員は上記のうち「サービス業」に含まれている）。とくに、佐官未満のクラスでは、警備員や運転手に就く人たちの姿が目立つ。これは定年でも任期制でも似たような傾向にある。

それ以外で多いのは、「事務職」や「ビルメンテナンス」といった職種だ。ここで言う「事務職」とは、「オフィスでの一般事務」ではない。佐官クラスでは損害保険会社（損保）の事務、佐官未満クラスでは高速道路の料金収集などを指す。そのほか近年は介護職の需要も高まっているという。

では実際に、これら「元自衛官が求められている」仕事に就いた人たちの話を聞いてみよう。

まずは、一番イメージしやすい警備員だが、警備員は、その職務の内容によって「1号」「2号」「3号」「4号」にわけることができる。

1号…施設警備／巡回警備／保安警備／機械警備等

2号…交通誘導／雑踏警備
3号…貴重品運搬警備／核燃料物質等危険物輸送
4号…身辺警備
4号の「身辺警備」とはボディーガードであり、定年退官した自衛官の再就職先としては一般的ではない。定年退官自衛官の主な再就職先としては、1～3号の警備員が対象となる。また、警備員全体の約半数は1号警備が占めるため、必然的に元自衛官も1号警備に就くケースが多くなる。
令和のはじめに陸上自衛隊を54歳・曹長で退官した吉田一輝氏（仮名）も、1号警備員としてビルの巡回や防災センターでの監視業務を行っている。
再就職にあたっては、とくに注文はつけなかった。
「先輩たちも警備に就く人たちが多かったので、ぼんやりと『自分も警備員だろうな』と思っていました。再就職に際して何か希望があるわけでもなかったので、援護から打診された話をそのまま受けました」
自衛隊生活では、後方支援の職種に属し、外で走り回るよりも庁舎の中で勤務した経験のほうが多く、それほど体力に自信があるわけでもなかったが、「それでも大丈夫」との先輩たちの言葉を信じ、飛び込んだ。

勤務時間は丸一日。朝9時に出勤し、まずは防災センターでモニターを監視しながら入館者の受付対応を行う。その後、昼、夕方、夜、早朝の4回、ビル内を巡回し、異常の有無を確認。昼休憩、夜休憩、夜間休憩はきちんと確保されているが、睡眠時間は2時から6時の4時間だけだ。

起床後はすぐにビルを巡回し、午前9時まで防災センターでモニターの監視を続ける。仕事明けの日とその翌日は、基本的に休みとなっている。自衛隊でも大規模な訓練時に睡眠時間が削られることはあったが、恒常的に「丸一日仕事」という勤務体系に、当初は少なからず不安もあった。

「職務の内容としては、そこまでしんどいわけではありません。ただやはり、丸一日拘束される勤務体系にはしばらく慣れませんでしたね。とくに最初のうちは、仕事の次の日は使い物になりませんでした。ただ、元自衛官として、そんな弱音を吐くわけにはいきません。半年も経つころには身体も慣れてきましたね」

「警備員も自衛官も、求められるものは同じ」

警備員としての仕事を始めたとき、吉田氏の支えになったのは、警備会社に所属する元自衛官の姿だった。

「自衛隊は戦後、多くの国民からの誹り(そし)を受けてきました。そのような状況下でも自衛官は文句を言わずに自分の正面の任務に取り組んだ結果、今日のように国民に愛される自衛隊になりました。警備員としても、多くの諸先輩方が『元自衛官』の誇りを胸に粛々と自分の仕事に取り組んでいます。私もその流れの中にいる一人として、粛々と業務に取り組もうと思っています。それに、やはり警備員となった自衛官は多いですから、『あいつにできて自分にできないはずがない』とも思いましたし、何かあったときにも話を聞き、理解してくれる存在がいることが、非常にありがたかったですね」

正直なところ、給料は決して高いと思わない。振り返ってみれば、自衛隊は恵まれた環境にあったのだとは思う。ただ夜勤手当もつく分、暮らせないと嘆くほどではない。自宅は30歳になる前に購入し、ローンも間もなく返し終える。子どもも大学を出て独立した。妻もパート勤めをしており、夫婦で暮らす分には問題はない。

勤務して数年が経つが、火災報知器の異常や入館証を持たない者との軽いトラブルが数件あった程度で、幸いそこまで緊迫した事案を経験したこともない。

いまの仕事にやりがいはあるのか。その質問に対しては、次のように答えた。

「警備員も自衛官も、本質的に求められていることは同じだと思っています。必要となる場面は少なければ少ないほどいいけれど、いざというときになくてはならない存在。私の存在が、いまも昔も安全を守るための一助になっているのだと思うと、誇らしい気持ちになります」

65歳までまだ先は長いが、吉田氏は身体の動く限り働きたいと考えている。

これは「警備員」と「自衛官」のマッチングがうまくいった例だろう。警備員に限った話ではないが、職場に元自衛官が複数いる場合、うまく回るケースは多いようだ。なお、中には警備員のすべてが元自衛官で構成されており、さながら小さな自衛隊のような組織もあるという。

もちろん中には、「うまくマッチした」とは言えないケースもある。田中健氏（仮名）

は陸上自衛隊に入隊後、自衛隊生活の大半を教育畑で過ごした。

教育畑の勤務を希望したわけではなかったが、やっていくうちにやりがいを感じるようになった。隊員の中には、自分の住所が言えなかったり、右足と左足の区別がつかなかったりするような若者もいた。そんな彼らに驚くこともあったが、徐々に教官職への不安よりも、「何とかこの子たちを成長させたい」と強く思うようになった。

当時の陸上幕僚長が発した、「陸上自衛隊の骨幹は人である」という言葉を胸に、いつしか「教育が自分の天職だ」と思うに至った。

とはいえ、そのような思いを生かせる再就職先はそう見つかるわけではない。とくに田中氏は3尉、55歳で退官しており、佐官クラスであればマネジメントを求められる仕事もあるものの、階級的に「人を束ねる」仕事はなかなか見当たらなかった。

結局、再就職先として田中氏に提示されたのは警備員だった。落胆の気持ちがないわけではなかったが、「これが現実」と文句を言わず受け入れた。田中氏が任されたのは、3号警備の仕事だった。街中の銀行やATMの周辺で輸送車両に現金を積み込む、警棒や防護ベストを装備した警備員だ。

自衛官時代と比べれば、単調で簡単な仕事だ。「人間関係では何の問題もない」一方で、「誰かがやらなければいけない重要な仕事だということはわかるが、仕事にやりがいはない」と肩を落とす。常に何かに挑戦し続けていたいという思いを持つ田中氏にとっては、同じことだけを繰り返す日々が苦痛に思えることもある。

あるとき田中氏は、上司に対し「もっとこうしたほうがいいんじゃないでしょうか」と、業務がさらに効率よくなる手順についての意見を伝えてみた。しかし上司から放たれた言葉は、「あなたは言われたことだけやっていてください」だった。

やるせない思いを、同じ職場の元自衛官の先輩に相談したこともある。しかしそこでも「そこまで気を張らなくてもいいんじゃないか。給料が高いわけでもない。やると決められたことだけやって、あとは君の責任ではないのだから、気楽にやるほうがいいぞ」と返された。

「仕事とは、そういうものなのか」。自分を納得させようと努めてはいるが、まだ気持ちはうまく切り替えられていない。

自衛官の年収は300万円未満から1000万円以上まで

さて、「給料は高くない」など給料にまつわる話が出てきたが、自衛官はどの程度の給料をもらっているのか、そして辞めた後はどうなるかについて、ここで説明しておきたい。

自衛官の給与は、階級や勤続年数、職務の成果などからなる号棒によって決まる。自衛官の給与を規定している俸給表によると、陸将・海将・空将では70万6000円から117万5000円、一佐では39万6200円から54万5100円、1尉では28万1200円から44万6000円の範囲となっている。

この基本給に加え、夏、冬には合わせて4・5か月分の給与が支給される。給与は職種や環境によっても異なり、艦船に乗り組む場合には乗り組み手当、航空機を操縦する場合には飛行手当が支給され、艦船に搭載された航空機のパイロットは乗り組み手当と航空手当が支給される。

自衛官の平均年収は、鳥取地方協力本部が公開しているデータによると、幹部自衛官では25歳約510万円、30歳約610万円、35歳約730万円、40歳約870万円、45歳約900万円、50歳約980万円となっている。一方、准曹では、25歳約400万円、30歳約480万円、35歳約570万円、40歳約640万円、45歳約700万円、50歳約750万円という数字だ。これらの目に見える給与に加えて、官舎には破格の家賃で住むことができるし、駐屯地・基地内では栄養とボリュームと美味しさが確保されたご飯を喫食することもできる。

2021年度の民間給与実態統計調査によると、日本人の平均給与は443万円。これを年代別に見ると20~24歳269万円、25~29歳371万円、30~34歳413万円、35~39歳449万円、40~44歳480万円、45~49歳504万円、50~54歳520万円となっている。どの年代においても自衛官のほうが高いことがわかる。

給与だけを見て、「自衛官、案外恵まれてるじゃん」と思うか、「命をかけてその程度か」と思うかは人によるだろう。

そして再就職後の賃金は、職業によってももちろん差異はあるが、大きくは階級によって異なる。公務員的な発想から、「同じ1佐だったのに、あいつは1000万円で俺は500万円しかもらえない」といった事態はまず発生しない。将官であれば少なくとも800万円以上の水準にあり、1000万円を超えるケースも珍しくない。そして1佐で500～700万円台、2佐で400～500万円台、3佐で400万円台、尉官で400万円前後、准曹で300万円台が基本となっている。また再就職先の給与は、地域でも異なる。やはり関東近辺は高いが、北海道、東北や九州地方は低い傾向にある。

「退職金3000万円超」は恵まれているのか

確かに、退官までの年収は決して低いわけではない。とはいえ、いまや自衛官が年金をもらえるようになるのは65歳。民間企業の勤め人とまったく同じ年齢だ。年金がもらえるまで10年間ほど、働かずに生きていくという選択肢を取れる自衛官はそう多くはないだろう。自衛隊をよく知らない人の中には、「恩給のような形で、退官するといくらかもらえるのでは?」や「その分退職金がいっぱい出るんでしょ?」といった思いを持っている人もいるようだ。その点についても簡単に説明したい。

年金については現在、65歳になるまでにもらえる年金はない。確かにかつての軍隊には、ある程度在籍するか、戦争で怪我をした場合などに「恩給」をもらえる制度があった。具体的な在籍年数は、実際に軍隊にいた期間と加算年を合わせて准士官以上13年、下士官以下12年となっている。要件に当てはまる方々への恩給は、令和となったいまも払われ続けている。ただし、制度としては１９５９年の国家公務員共済組合法の施行に基づき恩給制度から共済年金制度に移行。命をかける軍隊組織だからといって特別扱いされなくなった経緯がある。それでもかつては共済分のみ65歳以前に支給されたが、厚生年金制度に統一されたいま、それもなくなった。

ちなみにアメリカでは、軍人の年金制度が一般公務員とは別に設けられており、20年勤務すれば退役直後から年金を受給することができる。つまり、高卒で入隊した場合には、40歳を前にして年金を受給することができるというわけだ。

次に退職金について。年金についてはほかの公務員と変わらないと述べたが、退職金に関しては自衛隊特有の加算がある。幹部（3尉以上）の退職金は約２７００万円、准曹は約２１００万円だが、それに加えて「若年定年退職者給付金」が支払われる。これはあけすけに言えば「年金受給開始までの期間の足しにするためのお金」の性格を持つ。すぐに再就職してもまず確実に給与が下がるため、年金給付まではその減少分を補填するという位置づけだ。

この制度に基づき、1佐以下で退官した自衛官に対しては、退職金に加えて約1000万円が支給される。

また2023年4月に国家公務員の定年を段階的に65歳に引き上げることなどを定めた改正国家公務員法が施行されたが、それに伴い、若年定年退職者給付金の支給算定期間もこれまでの「60歳」から「65歳」に引き上げられることとなった。必然的に今後は、若年退職者給付金の支給額は増加することが見込まれる。

それを前提として、2024年4月現在では、56歳・3佐（旧日本軍でいえば少佐、一般企業の課長クラス）・俸給44万8100円で退職する場合は、退職金と給付金を併せ約3900万円を受け取ることになる。56歳・曹長（一般企業の主任クラス）・俸給34万82000円の場合は3000万円ほどである。

民間大企業の平均退職金は大卒総合職で2563万9000円、高卒総合職で197

1万2000円（中央労働委員会「2021年賃金事情等総合調査」）。国家公務員の退職給付の支給水準見直しによって自衛官の退職金も数百万単位で減少したとはいえ、自衛官は退職金だけでも大企業の労働者の平均よりも高い。

「退職金に加えて1000万円を支給する」と聞けばうらやましい話にも思えるかもしれないが、56歳定年とすれば年金受給までは9年、年間約111万円の上乗せにすぎない。当然すぐさま再就職する必要がある。

さらなる注意点もある。それは、稼ぎすぎた場合には返納しなくてはいけない点だ。もともと、この若年給付費金の目的は、年金開始までの収入の補填にある。その趣旨に照らし合わせたとき、「若年給付金をもらわなくても自分で稼げるなら、渡したお金は返してね」と迫られるわけだ。また一度返納してしまえば、その後給与が激減したとしても再度もらえることはない。

これと同じような制度が、老齢厚生年金にもあることをご存知の方もいるだろう。「年金だけじゃ不安だから働こう」と思って働くと、年金支給が停止されてしまう仕組みだ。この仕組みは「中途半端に働いて年金が減らされるくらいなら、もう働かない」

と考える人を増やしているとして、しばしば批判の的ともなっている。

また中には、「退職金があるし、再就職もしているから若退金は使ってもいいや」と散財したり、投資で失敗したりするケースもあるという。そのようなケースを差し引いたとしても、現代の多くの自衛官にとっては「退官後は働かず、あとは年金で暮らす」という生きかたは難しい。

旧帝大卒、高卒、どちらも多い警備業

警備会社に採用され、指示を受けて現場に立つのは元准曹クラスの場合が多いが、幹部自衛官でも彼らの取りまとめや、その能力を生かした本社での管理業務や総務業務を担うために採用されるケースもある。

たとえば「株式会社監理」に採用されているのが、福田智史氏（仮名）だ。福田氏は海上自衛隊を1佐・56歳で退官後、自衛隊からの援護を受けて全国で工場を展開しているある企業に部長級で入社。監査関係の職務に就いた。監査に明るいわけではなかった

が、自衛隊で培った文書の処理能力をふんだんに生かし、つつがなく業務を進めていた。

しかし、同社では人件費の削減を掲げ、毎年現役の部長級社員が左遷されていった。リタイア組である福田氏もそのあおりを受け、表面上だけは円満退職の形で、60歳のときに同社を後にした。

まだ働けるし、「悠々自適」の選択肢はなかった。その思いを防衛大時代に同じ校友会（部活動）で切磋琢磨した先輩に相談したところ、紹介されたのが監理だった。同社はマンションや戸建て住宅、学校、ショッピングモール、物流センター、神社仏閣など、あらゆる建設現場の警備業務を手がけている会社だった。すでに多くの自衛官が働いており、職場環境は安心できる。福田氏はすぐに同社への入社を決めた。

同社ではまず、どのような配置であっても1か月間は現場に出て、警備員としての業務を経験することが決まっている。福田氏も4日間の研修後約1か月間、12か所で交通誘導の警備員として現場に立ち、その後本社で警備員への教育業務に従事することになった。

かつて警備業界では、警備員のスキルや技量に大きな格差がみられることが問題視されていた。そこで1982年に改正された警備業法により、警備員への教育に一定の水準を確保する「警備員指導教育責任者」の資格が制度化された。

福田氏はこの資格を取得し、日々警備員の指導・教育にあたっている。「このような人生になると想定したわけではなかったが、人を育てることのできる仕事にはやりがいを感じている」と話す。

福田氏に、「一般的な警備業のイメージ」について、その率直な思いをうかがった。

「世間一般的に、警備員という仕事のイメージは決してよくないことは知っています。立ちっぱなし、早朝・夜間の勤務もあって生活リズムが不規則、給料が安い、体力勝負だけで誰でもできる……。ただ、私が入社以来感じているのは、警備員は決して楽な仕事ではないということです。『警備員は誰でもできる簡単な仕事だ』と思って入社したところ、実際に現場に立ってその大変さを知り、すぐに辞めていく人も少なくありません」

警備を円滑に行うためには、まず警備員は、警備業法に基づく知識を身に付ける必要がある。そして警備に入る前には、必要な書類の記入や確認が必要となることもある。たとえば道路上で工事をする場合には「道路使用許可証」が必要となるが、そこに記載されている道路使用条件は、各自治体や工事現場などで違いもある。もし「いつもこうだから」などの勝手な思い込みで警備を行った場合には、最悪の場合、警備会社が行政処分の対象となることもある。

そのため、警備員には少なくとも「書かれたことをきちんと確認して理解し、実行する」という能力が求められる。もちろん、ただ突っ立っていればそれでいいわけではない。不測の事態に対処できるだけの体力ももちろん必要であるし、誘導の場面では、あらかじめ数パターンの誘導方法を想定しておくことも重要だ。そのうえ、配置が少ない現場であれば、交代要員が少ないため、おちおちトイレにも行けはしない。

福田氏は続ける。

「監理で働いている警備員にも、いろいろな人たちがいます。高卒もいれば、国立大（旧帝大レベル）を出た人もいる。『バブルのころは、一晩に使ったお金がいまの年収を上回っていた』などと話す人もいます。過去も思いもさまざまな人たちが、さまざまな背景を抱えながら同じ現場に立っているのです。非常に奥の深い世界であり、奥の深い仕事です。飛び込んでみて、真面目にやってみれば案外『面白い』と感じることもあるはずです」

元海将補が後輩たちのために創業した警備会社

福田氏以外にも多くの自衛官ＯＢが勤務する「株式会社監理」の設立経緯を同社社長の橋正英氏にうかがってみた。

同社は現社長である橋正英氏の父によって１９９０年に設立された。創業者である父も元自衛官で、部下からの人望が非常に厚く、神奈川県地方連絡部（現在は地方協力本部）部長として多くの入隊志願者を集め、「募集の神様」とも称され、海将補にまで昇りつめた人物である。自衛隊退官後は、元将官として好待遇で企業の顧問として迎え入れられたが、そんな橋氏の父のもとには、多くの自衛官から再就職についての相談が寄せられた。中には、退職後、自衛隊から紹介された再就職先との折り合いが悪くなって退職したものの、次の就職先が見つからないといった悩みを持つ者もいた。真面目で優秀なのに、年齢を理由に就職先が見つからない元部下たちの現状に父は心を痛めた。

そこで「彼らのように、次の就職先に困っている人たちが活躍できるような、中高年だけの会社をつくろう」と一念発起。そして立ち上げたのが警備会社の「株式会社監理」であり、その後にはマンション管理会社である「株式会社太平洋」も立ち上げた。そして設立時の思い通りに、中高年を中心とした雇用を進めていった。

父の後を継ぎ二つの会社を受け継いだ橘正英氏も、実は防衛大の出身だ。父の背中を追い、いったんは自衛隊を志したものの、自衛隊を知れば知るほど父の偉大さを知り「父を超えることはできそうにない」と思うようになり、自衛隊の道を進むことをあきらめた。

防衛大卒業後は銀行に入行。防衛大で培った気力・体力を活かし、入行同期の中でも将来を嘱望されるほどになっていたが、ある日父親から、「会社を手伝ってほしい」と頼まれる。さまざまな葛藤はあったが、「父が築いた会社が衰退していくのを見たくはなかったし、いま父のもとにいる優秀な社員たちが路頭に迷うことになるのも見たくない」と、銀行を退社して監理に入社。銀行マンとして培った経験を生かし、会社をさらに拡大させることを決意した。

本社員の半数以上が元自衛官

警備業の「株式会社監理」とマンション管理業の「株式会社太平洋」、両社では元自衛官に限らず多様な人材が活躍しているが、社員のほぼ全員が定年退職組だ。採用は自衛官に限らず民間の退職者も多いが元自衛官の比率は高い。とりわけ「株式会社監理」本社社員の半数以上は元幹部自衛官が占める。福田氏のように、誰かを介して紹介されたケースもあれば、防衛大時代の同期が橘氏を頼ってやってきたケースもある。各部隊での指揮官経験者も多く、中には、駐在武官経験者といった異色の経歴を持つ者もいる。

橘氏に、自衛隊ＯＢの働きぶりを聞いた。

「前提として『自衛隊ＯＢ』と一括りにすることはできません。性格も能力も当然ながら個人差があります。同じ自衛官ＯＢであっても、うちの会社に合わずに辞めていく人もいます。ただ基本的に、自衛隊にいた人は何ごとにおいても信頼がおける存在であることは間違いありません」と話す。

一方で自衛隊ＯＢの全体的な弱みとしては、「組織での長い経験や指揮官としての経験からか、固定観念が強く融通がきかない傾向がある」という。

「縦割りで部課制がはっきりした自衛隊では『君の仕事はこれだ』と示されれば、それ以外の仕事をする必要はないし、むしろしてはいけない場合もある。でも、わが社のような小さな企業ではそうは言っていられません。もともとの業務にとらわれず、一人の人間がさまざまな仕事を担う必要があります。『定年退職後はのんびり暮らしたい』と思う社員ばかりではわが社は立ちゆきません。一人ひとりが大きな戦力として、その場の状況に合わせて柔軟に動くことが求められます」

福田氏も「そう人数が多いわけではありませんから、私もいろいろな仕事をやらされています」と笑う。

定年退職後の再就職先でうまくいく人といかない人の差は、「白紙になれるかどうかではないでしょうか」と橘氏は指摘する。つまり、これまでの経歴や階級を振りかざしてしまう人は失敗しがちであるということだ。

「自衛隊時代の階級を退職後に捨てられるかどうか」は、自衛官が再就職するうえで大きなテーマとなる。高級幹部になればなるほど、組織内で誰かに指導されることも、日々の雑用を自ら行うこともなくなっていく。それが再就職した途端、新しく多くのことを学び、誰かに指示・指導され、自分のことは自分でこなす必要に迫られる。
「自衛官時代の感覚では『それが当たり前』だったとしても、『それが当たり前ではない世界』に生きてきた人、組織を責める理由にはならない、ということです」（橘氏）
「白紙になれない元自衛官」は取材で話を聞く限り、ひと昔前のほうが多かったようだ。「再就職先の入社初日にドカッとソファに座り、『新聞が届いていないようだが』と言った元将官がいた」「銀行に就職した元1佐が職員から『おじさん』と呼びかけられ、『元1等陸佐を何と心得るか、俺にはれっきとした名がある！』と憤慨し、即日退職した」など、その手の「昭和エピソード」は枚挙にいとまがない。
今では、自衛官が定年退職前に受講する管理講習では、「再就職先で何かおかしいと思っても、いきなりそれを口に出してはいけない」と教わるそうである。「それぞれの会社で長年実施されてきた慣習があり、1～2年勤務しただけの者が、その立場でないのにものを言うな」と教えられているという。

再就職後の自衛官ＯＢの働きがい

橘社長に、株式会社監理で働く自衛隊ＯＢたちは、何をやりがいとしているのかを聞いてみた。

「働くことそのもの、でしょうね。もちろん働く以上、労働の対価として給料をもらえることは当然の話で、それもやりがいの一つでしょう。でも、わが社で働いている人は、お金が一番の目的ではない人が多いと感じています。『働く』ということは、精神的にも肉体的にもいい影響をもたらします。健康でなければ働けませんが、働くことで健康にもなれるんです。

社会的に見て、警備員という仕事は決して高い地位にあるわけではありません。しかし、一人ひとりが自分のモチベーションの源泉をしっかり把握していれば、世間の目がどうだとか、社会的地位がどうだといったことに惑わされず、胸を張って仕事ができるはずです」

なお同社の定年年齢は、就業規則上は65歳となっているものの、それは名目にすぎない。65歳以降1年ごとに契約を更新し、「78歳」を退職年齢の一つの目途としているという。なんと80歳を超えて現場に立つ従業員もいる。

社員の平均年齢は74歳。橘社長が朝7時半に出社すると、すでに多くの社員が出社済みだという。「通勤ラッシュを避けたいという理由もありますが、みんな御年寄りなので早起きなんです（笑）。日本一、高齢者の会社ですよ」と橘氏は笑う。監理では、今後も自衛官を雇い続けるつもりだ。

介護・輸送で生きた自衛官のスキル

「人材不足」が喧伝されている、介護職や輸送職に就いた自衛官の姿も見ていきたい。社会の高齢化にともない、少しずつ介護職に就く元自衛官も増えているようだ。介護事業所が提供するサービスは、大きくわけて「居宅型」「通所型」「施設型」にわかれる。居宅型は、利用者が自宅でサービスを受けるもの、通所型は利用者がサービスを提供する施設に赴くもの、施設型は特別養護老人ホームや介護老人保健施設などで介護サービスを受けながら生活をするものとなる。

２０１０年代に陸上自衛隊を54歳・３尉で退職した数田政義氏（仮名）は、介護職への転職を考えていると妻に打ち明けた際、当初は猛反対を受けた。

「介護は『低賃金でつらい仕事』とのイメージを持っていたようです。私が自衛官の仕事はできても、介護の仕事は耐えられないんじゃないのかと心配していました」

それでも、自衛隊で「人の大切さ」を強く感じていた数田氏は、「心を込めて人に接したい。いまの自分のスキルでそれが叶うのは介護職だ」と譲らなかった。

ただ当初は介護ヘルパーの道を歩むつもりだったが、妻との話し合いの結果、自己開拓で通所型の施設の送迎を中心とした業務に就くことが決まった。介護ドライバーになるには、普通自動車一種免許さえあればいい。介護タクシーなどと違って利用者からお金を取らないため、二種免許は必要ないのだ。施設としても、元自衛官の採用は初めてとのことだったが、面接時に所長から言われた「元自衛官であれば安心できるね。期待していますす」との一言に、嬉しさを覚えた。

主な業務内容は利用者の顔と名前、自宅を覚え、利用者を安全に送迎すること。加えて送迎は朝・夕のみなので、空いた時間は館内の清掃や雑務、簡単な介護・介助にも携わる。

手取り額は20万円を切るが、「送迎ドライバーとしてだけであれば、時給1000円ちょっとのアルバイトとして雇われていることも多いようです。そんな中、正社員として雇用してくれていることはありがたいと思っています」と話す。

この「送迎」には、当然ながら乗車・降車の移動介助も含まれる。最初こそ、介護職員が同乗していたものの、介護職員初任者研修の資格を取得してからは、移動介助も数田氏の仕事だ。これまで頑強な自衛官ばかりと接してきた数田氏にとって、高齢者に触れることには不安もあった。「もし誤って転倒でもさせてしまえば、簡単に骨が折れてしまうかもしれない。骨が折れてしまえば、寝たきりになる可能性もある。そんな事態だけは絶対に避けなければいけない」。そんな不安も抱えていた。

昨今、高齢者を乗せた送迎車の事故が増加しているとも言われている。数田氏自身、「常に気を張り詰めていますが、走行中に話しかけてくる方もおられます。その対応もしなければなりませんので、運転は結構疲れます」と話す。

当初は、利用者から「顔や雰囲気が怖い」「目線が怖い」と言われることもあったという。「自衛官としての態度が、逆にマイナスになったかもしれない。でも自分ではどうすればいいかわからない」と、同僚に相談。その結果、「なるべく笑顔を心がけること」「相手の目を見つめすぎないこと」「利用者のことを考えて対話すること」が重要だと教わった。自衛隊では「相手の目を見て話せ」と教わってきただけに、「相手の目を見てはいけない」というアドバイスには驚きもした。だが、実践すると確かに「雰囲気が柔らかくなったね」と声をかけられた。

「いやだ、人殺しの訓練してた人なの」

これまで数田氏が最もつらかったのは、「自衛官である過去を否定されたこと」だ。利用者の女性と雑談していたとき、話の流れで「自分は自衛隊にいました」と告げたところ、それまで楽しく談笑していた女性の顔色が変わった。「いやだ、人殺しの訓練してた人なの。そんな人だと思わなかった」。それまでの和やかなムードは一転、冷ややかな空気に包まれた。その後、女性は数田氏を露骨に避けるようになったという。

「確かに私が入隊したころは、まだ『自衛隊なんて……』という空気が世間にありました。けれど時代は移り変わり、多くの国民に受け入れられるようになったと感じていました。しかし、やはりまだ自衛隊に対してアレルギーを持つ人はいるんですよね。こうもあからさまに思いをぶつけられたこと、それがその後の仕事に影響したことは、正直言ってしんどかったです。自分が自衛官であったことには誇りを持っていますが、誰かに『前職は自衛隊です』と言うときにはいまも少し緊張します」

そんな中でも、やりがいは何といっても利用者からの感謝の言葉だ。

「自衛官時代には、直接国民から感謝の言葉を述べられる機会というのはほとんどありませんでした。それがここでは、利用者さんから直接『ありがとう』と言ってもらえます。その感謝は大きなモチベーションになります」

施設内の清掃も数田氏の業務だが、自衛隊で培った清掃やベッドメイキングのスキルは、期せずしてここで生きた。「数田さんの清掃した部屋は綺麗だ」と言われることは、ささやかな自信になっている。

今後については、介護ドライバーの仕事を続けていくつもりだ。ただし、介護業界全体には、疑問もある。

「『介護』と言うと『キツイ』というイメージが浮かび上がるかと思います。確かに自衛隊のころのほうが断然、楽でしたし、介護職は給与が低い。20代の若者が夢を持てる業界ではありません。24時間対応の施設もあります。『自衛隊が紹介してくれたから行ってみる』という気持ちでは、続けることが難しいかもしれません。ただ腹さえくくれば、介護は未経験でも多くの事業所でＯＪＴ（職場での実務訓練）の制度があるので、体力と責任感のある自衛官は非常に重宝されるはずです。『人』が好きな方は、『この世界で生きていく』という覚悟さえ持てばきっとやりがいを見出すことができると思います」

「運転が好きだから」輸送科隊員から輸送業界へ

輸送業界も、多くの定年自衛官が活躍する職種だ。安藤義人氏（仮名）は２０２０年代に陸上自衛隊を55歳・准尉で退官。30年以上、一つの町から出ることなく自衛官生活を終えた。安藤氏は特科隊員ではあったが輸送に携わる業務も数多く経験し、退官の2〜3年前から自分が希望する業種を「学校関係の送迎バス希望」に絞り込み、援護担当者に伝えていた。

そのキャリアパスに合わせ、自衛隊の援護を受けて大型2種免許を取得。定年1年前には援護センターとの面談を開始したが、「希望する就職先は、安藤さんの退職時期にはおそらくありません」と告げられた。

そこで、「同業種の別会社を受験」「再任用試験を受験」「退職時に求人のある就職先に賭ける」の選択肢から、後者二つを選んだ。また同時に選択肢を増やすため、危険物取扱乙種第4類（乙4）の資格を取得。乙4を取得すれば灯油などの危険物を扱えるため、大型二種免許と併せれば石油やガスを積載したタンクローリーを運搬できる。

再任用試験も受験したもの、残念ながら不合格。ただ退職間際、ようやく「企業の役員送迎」という、働き方・給与水準ともに希望を満たす条件の求人があり受験。無事内定を勝ち取った。「ラッキーに勝るものなしです」と話す。

いざ再就職に赴くにあたっては、「自衛隊の評判を下げず、就職先に迷惑をかけないこと」を一番に重視した。

自衛隊での輸送業務も、作戦を指揮する幹部が乗り込む車を運転することが多く、「役員の送迎」という業務内容については、「在職中も同じようなことをしていたので、とくにギャップは感じませんでした」と話す。

もともと自衛隊で輸送業務に多く携わったのも、「運転が好きだから」。勤務は楽しく、デスクワークもよい気分転換になっている。ただし、就業時間は役員のスケジュールによるため、休日は不規則で自衛隊時代よりも格段に減った。家族にも、休みが少ない点だけは心配をかけている。それでも「自衛隊生活もいまの人生も、非常に満足していま す」と安藤氏は話す。

蓑田敏也氏（仮名）も、希望通り輸送業界に就いた人物だ。2019年、航空自衛隊を54歳・3尉で退官した蓑田氏は、「私が重視していたのは給与です。自衛隊生活の中で運転業務に携わったことはないですが、退官前から『警備員やビルメンテナンスよりドライバーのほうが給与がよい』と聞いていました。まだまだ教育費用がかかる子どもがいることを考えると、少しでもお金があったほうがいいと判断しました」。

自衛隊では、再就職に向けた職業訓練として大型自動車免許（一種、二種）やけん引自動車免許、フォークリフト、クレーン、危険物取扱者などの資格取得を支援しており、定年前にこれらの資格を取得する隊員もいる。蓑田氏もその一人だった。

ドライバー不足に悩まされる中で、やはりパイロットと同じく「長距離ドライバーは任期制の隊員のほうがほしい」という声もあるが、そうも言ってはいられない現状の中で、定年退官者であっても即戦力として期待されている。

なおトラック運送業界では、退職自衛官の再就職を円滑化し、労働力不足対策につなげる取り組みとして、都道府県トラック協会が会員運送事業者から求人票を取りまとめ、全国50か所の自衛隊地方協力本部を通じて自衛隊援護協会本部または7か所の支部に提出できる枠組みが整備されている。

蓑田氏は現在、タンクローリーを運転している。勤務時間は変則的で、早朝から夜までの勤務や、土日や祝日に仕事が入ることも珍しくない。休日や休憩時間は自衛隊時代よりも圧倒的に減ったが、「これだけの給与がもらえて、自分にできる仕事はこれしかない」と不満はぐっと飲み込んでいる。

就職してみて驚いたことは、中高年の運転手の多さだ。実際、２０２１年の総務省労働力調査で道路貨物運送業に就いている割合を年代別に見ると、40歳以上が実に74・4%を占める。60歳以上ですら17・5%を占めており、29歳以下は10%程度にすぎない。

物流業界は長時間の運転に加え、重たい荷物を持つことが必須であり、その業務内容だけをみれば、やはり若者向きの仕事といえる。幸い、タンクローリーの運転は一般家庭に荷物を届けるドライバーと異なり、荷物の積載や荷下ろしを繰り返すといった作業はあまりない。それでも、蓑田氏自身、「せめて65歳までは仕事を続けるつもりだが、身体が持つかどうか」と危惧している。

「自分も一般的な同世代の人間よりは体力があるほうだと思いますが、自分自身を過信しないことが何より重要です。『さすが自衛官、体力あるね』と思ってもらえるよう、精進するつもりです」

損保会社で示談交渉に奮闘する元幹部たち

取材できた相手を「幹部自衛官」に限ると、再就職先として最も多いのは「損害保険会社」だった。最終的に損保には勤めなかった1佐、2佐クラスの元自衛官も、「まぁ損保かなと思っていた」「『幹部自衛官なら損保の仕事はできる』と先輩に言われた」などと振り返る人は多かった。

もちろん警備員と同じく、すべての自衛官がうまくいくわけでない。そもそも損害サービスの仕事はその仕事の性質上、かかるストレスは高い。そのため離職率が高い仕事の一つとしても知られている。取材の中でも、「転職して早々にクレーマーと遭遇し離職した」「ストレスで体調を崩し、早期離職した」といったケースも聞いた。しかし、幹部自衛官として培った対人能力や忍耐力、公正性を重んじる気持ちやどんな場面でもたじろがない胆力は、損保会社の渉外業務に「向いている」と言えるだろう。

損保会社では、古くから元自衛官を受け入れてきた歴史がある。そのおかげで、会社としても元自衛官の扱い方を熟知しているし、新しく入ってきた元自衛官に対し、先輩の元自衛官が指導するシステムが機能している側面もある。また損保会社は全国津々浦々に支店があることも、全国を拠点とする自衛隊と極めて相性がいい。

将官まで昇りつめた場合には、損保会社でも顧問として迎え入れられるが、佐官クラスの場合、主に交通事故発生時の損害賠償サービス部門の業務、中でも対人事故に関する業務を担うケースが目立つ。この際、幹部自衛官に男性が多いことも奏功しているようだ。最近は男女の活躍に差異がみられなくなってきたものの、損保会社の中には「物損事故の場合には女性、対人事故の場合には、相手が感情的になりやすいため男性が担当する」という暗黙のルールがまだ残存しているケースもあるという。

さて、いくらパソコンが普及したとしても、「事故を起こした側と起こされた側、相手の保険会社やその他の関係者と協議してその責任割合を定め、保険金を支払う」という本質的な業務は、いまも昔も変わりがない。ここではまず、1997年に55歳・1佐(定年時特別昇任)で退官した志村泰元氏を紹介したい。1942年に生まれた志村氏は防衛大学校へ入校後、陸上自衛隊野戦特科の道を進み、空挺団に計7年半所属するなど、その精強さで鳴らした。

志村氏の入隊時は、まだ旧軍上がりの自衛官が多くいた時代。実戦の経験者に薫陶を受けながら、国防への志を高くした。

防大入校時より、「退官後には故郷に帰って農業をする」と心に決めていた志村氏。再就職の希望については「農業をしつつ両親と同居、そこから通勤可能な場所」を唯一の条件とした。

「退官したら援護を受けての再就職は全員既定路線と理解していました。条件を満たす仕事であれば、肉体労働を含めどういう仕事でもやるつもりでしたし、やれる自信もありました」との思いを抱く志村氏に、援護担当者が紹介したのは甲府市内にある大手損保の支店だった。

〝自衛隊式業務処理〟を導入

志村氏に与えられた肩書は「人身賠償主事」。人身交通事故の被害者（もしくはその関係者）との賠償や示談の交渉、病院（治療機関）や事故相手方が加入している保険会社との交渉、賠償金支払い手続きがその主な業務だ。

定年前には、約2か月にわたり同支店での研修を受け、その際、規則類を徹底的に、賠償事例や判例を可能な限り研究した。同僚となる社員の電話や窓口での対応に耳を澄ませ、生々しい応酬を勉強した。また出勤初日から、積極的に電話に出るよう努めた。相手とこちらの受け手の名前をメモし続け、主に誰宛にどんなところから電話が来るかを把握。中には弁護士や葬儀社のほか、悪徳の整骨師・整体師や「反社」と思しき人物からも連絡が来ることがあった。多いときには、1日に200件余の電話を取り次いだ。

ワンフロアで所長以下20数名が勤務する中、同じ「人身賠償主事」の肩書を持つ元自衛官も2人在籍していた。当初はその自衛官に徹底的に教えを仰ぎ、「大丈夫だ、いちいち持ってくるな」とうるさがられても足を運んだ。教えを請うた自衛官が定年を迎えた後は、年下の所長に頻繁に指導を仰いだ。自衛隊時代にはしばしば「出直して来い」と言われることもあったが、ここではそんなことは言われない。気を楽にして赴くことができた。ただし赴く際には、単に「どうしたらいいでしょうか」と聞くのではなく、自分なりの案を2、3提示することを自らに課していた。

業務は電話とデスクワークが主体だったが、加害者側・被害者側との面談や治療機関への治療費減額交渉、事故現場の確認など、自ら足を運ぶこともあった。少しでも「おかしい」と思えば、とことん追求した。

たとえば、ある押しボタン式信号機の横断歩道で、小学生が車にぶつかった事故。現場で信号が変わる周期や車速、子どもの歩行（走行）速度の関係を計算したところ、歩行者側の信号が青になってから子どもが飛び出るまでの時間が早すぎることに気づいた。その点を追及したところ、「友だち同士で『青になった瞬間に飛び出す』競争をしていた」と告白させるに至った。歩行者側が青信号での事故には違いないため、運転者の責任軽減とはならなかったものの、高圧的だった親の態度が明らかに軟化し、運転者からも感謝された。

医療機関からの保険金の請求にも、少しでも不審な点があるとその支払いを断固として拒否した。このように入念に準備し、誠実に対応した結果、定年までの業務で「失敗したことはない」と豪語する。大事なのは、何よりも事前準備なのだ。

保険業務でも生きた〝奇襲〟への備え

振り返れば、被害者が死亡した事案で自宅に赴いた際、遺族から怒鳴りつけられ、塩を投げつけられたこともあった。しかし、その事案では示談まで終了した後、遺族から心からの感謝とねぎらいの言葉を受けた。そのときには、「賠償業務冥利に尽きる」との思いが込みあげた。

同業他社の賠償担当者との交渉の中では利害が対立することもしばしばだが、「相手に負けた」経験もない。「お宅の会社は屁理屈に強い、いい社員をお持ちだわい、わかったよ！」と捨て台詞を吐いて電話を切った人もいた。

業務を遂行するうえでは、自衛隊時代に培った戦術の諸見積もりや諸計画、状況判断といった考え方を最大限に活用した。担当したすべての事案について作戦計画を作成し、相手方の〝奇襲〟にも備えた。「自衛隊式業務処理」の考え方や手順を導入することで、先手を打った「攻め」の交渉が可能となった。穏やかに、理詰めに、考えられる「逃げ道」を全部塞ぎ、「どうしてもダメなら」といった譲歩と取られかねない言葉は使わないと決めて交渉に臨んだ。

このように書くと、極めて業務量が多かったのではと思うが、つとめて「定時出勤定時退社」を心がけた。「野営なし、当直なし、定時出勤定時退社、休日は必ず休み、上司には業務上の報告・仰指・仰決だけ、部下なしの生活は、自衛隊よりもストレスフリーで快適だった」と振り返る。

人間関係も円滑だった。勤務初日には自分で事務所内の机の配置図を作成、その日のうちに全員の顔・姓・主要業務を頭に入れ、1週間ほどでそれぞれの居住地まで把握した。仕事に慣れたころから、同僚から「所長には相談できない相談」を持ち込まれることもしばしばあった。その中には娘ほどの年齢の女子社員もいた。ある社員は、志村氏が退職後数年経ってからも結婚披露宴に呼び、祝辞を求めた。

意識したのは、自分は「新入社員」「業界の新人」であるとの思いだ。自分よりも年長の職員は自衛隊の先輩を含む4人しかいなかったが、言葉遣いや態度には人一倍気を使い、発言は必ず間合いを考えてからにした。

そんな志村氏は、2005年、定年で職場を去った。あと10数件で成立示談数210

0件というところだった。いまでも、「あの仕事だったからこそ、現実の世界の人間模様を学べた」と感謝の念を抱いている。定年までの1年間は何度も定年後の嘱託勤務を要望され、わざわざ本社の人間が足を運び、値の張る料亭にまで連れ出されて説得されたこともあったものの、両親の老化とライフプランを理由に固辞し続けた。

定年後の志村氏は、念願だった〝百姓〟生活の傍ら、意識的に地区の役職を務めている。地域減災リーダーを務めた際には、住民から「口を開けば防災防災とうるさい」と言われたこともある。機会がある都度、「国防意識の芽生えになるように」との願いを含めた話をしてきた。集団的自衛権のこと、日米安保のこと、ウクライナ侵攻のこと……。「国防意識の普及は、自衛隊OBとしての大事な仕事の一つだと考えており、ここに使命感、あるいは義務感のようなものを持っている」と話す。

80歳を超えた志村氏は、こう人生を総括する。

「充実した自衛隊生活でしたが、第二の人生はさらに充実したものでした。いまはいわば第三の人生ですが、このままあの世行きでまったく悔いはありません」

海、空とともに生きたいという願い

海上自衛隊や航空自衛隊の中には、「やはり自分は海（空）で生きたい」と願う人たちもいる。長きにわたる護衛艦勤務経験を活かし、海上物流会社に勤務しているのが55歳・2佐で退官した酒井道雄氏（仮名）だ。

陸上の物流業界に比べ、一般的に報道されることは少ないが、日本を航行する内航船員も高齢化や人手不足が進んでおり、今後は著しい船員不足が見込まれている。そこで政府は2008年、海上運送法および船員法を改正し、定年退官した海上自衛官を内航船員として雇用する動きを強めた。酒井氏も、「今後はさらに積極的に採用されるのではないか」とみる。

とはいえ、いまのところ、その人数はそこまで多いわけではない。実のところ、「何十年も船に乗っていたのだから、同じ船であれば即戦力だよね」という考えは甘いのだという。そもそも、船を運行する資格からして異なる。民間船では海技免状が必要だが、艦船は海上自衛隊独自の資格で運行している。そのため民間で船に乗るには、改めて免許を取得する必要がある。

やるべきことも異なる。自衛艦では数百人の乗員がおり、自衛隊最大の護衛艦「いずも」では、470人まで乗船できる仕様になっている。乗員に求められるのは、それぞれの持ち場の専門性を高めることだ。ところが内航船では、10人を切ることも珍しくない。そのため、護衛艦では大勢で行う荷役や保守整備といった甲板作業も内航船では少数で実施することが求められ、スペシャリストよりもゼネラリストのほうが重宝される。

生活パターンとしては、1日のうちで4時間の「ワッチ（見張り）」を2回経験する3交代制が基本。1日に2回、このサイクルを繰り返す。なお小型船では、いわゆる当直業務を一人で行うことが多い。1年を通してみると「3か月乗船して1か月下船（休暇）」となる。「陸に上がっても独り身なんでね、気楽なもんです」と酒井氏は話す。乗船時にはそれほどお金を使わないため、金銭的な余裕もある。休暇時はバイクでツーリングに出かけたり温泉に入ったりと、「自由な1か月」を謳歌している。

国内の港を回るだけなので、寄港回数は多いが自由時間もそれなりにある。沿岸近くを航行するので、携帯電話もつながりやすい。部屋自体も、護衛艦では一人部屋が与えられるのは艦長、司令クラスに限られるが、内航船では1人1部屋が与えられる。

とはいえ、酒井氏は「最初はやはり苦労した」と振り返る。誰にも頼れない環境、荷役を含む作業の多さ、人間関係……。中でもとりわけ苦労したのは人間関係だった。自衛隊で2佐といえば、まずまずの階級だ。しかし再就職先では2等航海士と、けっして高いとは言えない階級からのスタートとなった。もちろん昇進スピードは速く、数年のうちには船長になれるという話だったが、入社当初、周りは年下の上司だらけ。周囲も酒井氏の取り扱いには戸惑う様子だった。

「なぜかはわかりませんが、船員の中には、海上自衛官に対してあまりよくない印象を持っている人もいます。私が慣れない作業にもたもたしていると、『海上自衛隊のお偉いさんが来ると聞いていたので期待していたのに、そんなものなんですね』と言われたり、教えを請うと『海上自衛隊ではこんなことも教えてくれないんですね』と嫌味を言われたりすることもありました。正直なところ、思わず『この野郎』と怒りの感情が込み上げました。しかし、その感情を爆発させても何にもならないこともわかっています。自分ができていないのは事実ですし、我慢するしかないとこぶしを降ろしました。しかし人数が少ないわけですから、『この人とは合わないから、あまり接しないようにしよう』というわけにもいきません。これには辟易としましたね」

幸い、船の中には酒井氏の元自衛官としての経歴に敬意を払い、現役時代の話を積極的に求めてくれる人もいた。その人たちに向けて自衛隊時代の話をしていくうちに、徐々に酒井氏のことを理解してくれる人が増えたという。

当初はしんどいと思ったことも一度や二度ではないが、それでも「辞めたい」と思ったことはない。「やっぱり、海が好きだからですね。自分を育ててくれたのは海。できるならずっと、海の上にいたいと思うんです」。

現役時代は花形職種、戦闘機操縦士が直面する現実

航空自衛隊の戦闘機パイロットとして自衛官人生を終えた坂口徹氏（仮名）も、退官後も引き続き「空」に携わった。高校卒業後、航空学生として入隊した坂口氏は、F1、F15のパイロットとして勤務してきた。年齢や役職が上がるにつれ事務職を任せられる

機会も増えたが「最後は戦闘機乗りとして終わりたい」との希望が叶い、定年間際まで操縦に携わることができた。

そして2010年代末、55歳・3佐で退官を迎えた。退官前には銀行に再就職を果たした先輩の姿を見て、「自分も金融機関に勤めたい」と希望し、早くからファイナンシャルプランナーといった資格を取得したものの、学歴の壁が行く手を阻んだ。

「自衛隊から金融機関に入った人は、いずれも大卒の人だったんです」

続いて狙ったのは、「コミュニケーション・スペシャリスト（CS）」職。CSとは、消防や医療機関からのヘリ要請を受け、出勤指示や患者情報の伝達、救急車とのランデブーポイント（合流場所）の調整などを行う仕事だ。ドクターヘリが増加していることからCSの需要も増加し、自衛隊での業務の延長線上にあることから坂口氏の周囲でもCSの職務に就く者たちが多くみられた。

しかしここでも、目の前で扉が閉められた。坂口氏の退職時期の前月に、希望していた企業のCS職の募集が打ち切りになったのだ。そんな坂口氏に示されたのは、報道ヘリなど民間ヘリの運航管理の仕事だった。「もうこれしかない、仕方ない、という気持ちでした」と振り返る。

その企業やその職種に不満があるわけではない。ただ、「戦闘機乗りの再就職」そのものについては不満がある。

「パイロットは大体みんな、乗る機体は何であれ、パイロットであることに誇りを持っています。現役時に飛行教官として教育証明という国家資格を取った人は飛行操縦学部のある大学の講師や飛行学校の教官に、輸送機を操縦していた人はＬＣＣなど民間の輸送機のパイロットに、ヘリコプターパイロットはヘリコプターパイロットとして再就職することが可能です。それなのに戦闘機操縦者だけが、つぶしが効かないのです。戦闘機操縦者は高い操縦技術を持ち、国防の最前線となる対領空侵犯措置任務に就き、ロシアや中国の戦闘機と対峙します。それなのに、いい再就職先に就けるのは輸送機やヘリコプターのパイロット、もしくは飛行教官の免許を持っている人たちなのです。自衛官時代に一生懸命飛行技術を磨き、その腕を評価された戦闘機乗りがパイロット以外の契約社員の仕事しか紹介されずに割を食う現実、これには悔しさもあります。戦闘機乗りの人生について、自衛隊はもう少し真剣に考えてほしいと切に願います」

ちなみに、「現役時代は花形でも、再就職となると厳しい」というのは、陸上自衛隊の普通科にも当てはまる。「施設科や需品科、通信科などはその知識やスキルを生かし、比較的スムーズに再就職できているようだ」と複数の元自衛官は話す。一方で、「どれだけ上手に銃や大砲を撃てても、民間では評価してくれないんですよね」と普通科職種の元自衛官は肩を落とす。

坂口氏の具体的な業務は、運行するヘリコプターの管理や着陸調整申請など、ヘリコプターが飛ぶために必要な地上における調整全般だ。飛行ルートはその時々の気象情報や航空情報に基づき、フライトごとにプランが作成される。そこで運航管理では、あらゆる情報をまとめ、最も安全かつ効率的な運航ができるよう調整することが求められる。また出発後、無線を通じて飛行ルート上の気象状況や機体の揺れの予測など、伝えるべき事項をパイロットに伝えることも重要な仕事だ。業務は週1～2回の泊まり勤務を含み、報道ヘリを担当しているがゆえに、何か大きな事件・事故が起こるとにわかに忙しくなるという。

自衛官には給料交渉の経験がない

いまでも、空は好きだ。しかし、ずっと空を飛んできた坂口氏にとって、調整の仕事は「面白い」と胸を張って言えるものではなかった。加えて、その身分は契約社員。雇用は1年更新だ。

「契約社員なので、立場は弱いですよね。社員に比べて給与も安い。同じ職種で50歳、55歳でも正社員として転職してきている人も多いのに、自分だけがなぜ契約社員なのかはわかりません。上司にも『もうやめる』と何度も言っていますが、なり手がいないのでやめさせてくれない状況でした」

ただ坂口氏は、決してその状況を甘んじて受け止めたわけではない。立場が弱く、どれだけ働いても代わり映えのしない労働条件に嫌気がさした坂口氏は、とうとう会社側に「正社員とまったく同じ働きをしながら、給与や手当の面で差をつけられているのは不当だ。もし私が訴えれば、負けるのはあなた方だ」と直談判した。

直談判をする前、坂口氏の給与は月額25万円にとどまっていた。賞与はないため、年間でちょうど３００万円。しかし、坂口氏の仕事であれば、市場における相場は４００万円程度にのぼることを知っていた。そこで「せめて、ほかの人と同じくらいの給与を」と求めたところ、あっさりと賞与１００万円が支給されることが決まった。60歳を過ぎた後も交渉を続け、年収は５００万円を超えた。

「自衛官はそもそも『給料を交渉する』という経験がありません。自分がどんな働きをしようが、給与とは気がつけばだんだん増えていくものなんです。そのため、企業にとっては『文句を言わない、使い勝手のいい労働力』とみなされているケースもあるはずです。黙っていることは、決して美徳ではないと考えます。自分が働いて出した成果分はきちんと給料としてもらう、再就職した自衛官はこの意識を持つことが必要だと思います」

しかし思わぬ落とし穴があった。会社側から「次の契約は更新しない」と告げられてしまったのだ。「一人で労働闘争をやりすぎた結果でしょう」と坂口氏は話す。援護の際には「正社員でも契約社員でも待遇は変わりませんよ」と説明されることもあるというが、「契約社員」という雇用形態にはこのようなデメリットもある。

第四章

再就職への道に立ちはだかる壁

自衛官の再就職の流れ

さて、ここまで話を進めたところで、自衛官の再就職にまつわる制度を改めて簡単に説明したい。自衛隊では、「定年退官」および「任期満了での退官」の場合にのみ、再就職の支援を行う。基本的に、これ以外のタイミングで自主的に離職した人たちへの支援は行わない。なお任期満了で退官した元自衛官といえば、芸人のやす子さんが有名だろう。任期を満了した際には退職手当として2年間の勤務で約64万円、3年間の勤務で約104万円、2任期目の満了で約157～162万円が支給されることとなっている。ただ、本著では、ここからも定年退官者に限るものとして話を進める。

前述のように1佐以下の自衛官に対する職業紹介は、実際は「一般社団法人自衛隊援護協会」が中心となって実施する。防衛省・自衛隊には、職業紹介の権限がないからだ。自衛隊援護協会は、厚生労働大臣から無料職業紹介の許可を受けた組織で、1979年に「社団法人隊友会援護本部」として発足した。

自衛隊に置かれた援護組織の役割としては、陸幕援護業務課が援護施策の検討・予算

定年退職までに取れる主な資格・職業訓練

▽車両操縦訓練

▽防災・危機管理訓練

▽技能訓練

電気工事士　電気工事施工管理技士　防火管理者　クレーン運転士　消防設備点検資格者　海技士　フォークリフト運転者　2級海上特殊無線技士　介護職員初任者研修　ボイラー技士　医療事務　調剤薬局事務　危険物取扱者　調理師　運行管理者　自動車整備士　簿記　倉庫管理主任者　溶接技能者　登録販売者　キャリアコンサルタント　ドローン操縦士　警備員検定　等

▽通信教育

社会保険労務士　衛生管理者　ITパスポート　宅地建物取引士　ファイナンシャルプランナー　マイクロソフトオフィススペシャリスト　建築物環境衛生管理技術者　介護福祉士　TOEIC　マンション管理士　行政書士　基本情報技術者試験　簿記　医療保険事務　調剤報酬事務　等

の確保を、方面総監部援護業務課が地方協力本部への施策の指示・予算の配分を、地方協力本部・援護センターが求人票等の取り次ぎの実務を行う形になっている。

下記、「1佐以下の自衛官に限る」という注釈を付けて読み進めていただきたい。自衛隊では、定年10年前および定年5～2年前には1か月間に及ぶ業務管理教育（ライフプラン、履歴書、企業研修、資格取得教育、ビジネスマナーなど）を実施している。中には企業の協力のもと、インターンシップを実施するケースもある。

客観的に見ればかなり手厚い内容だが、自衛官の中には、「人生の中で履歴書を書いたこともなければ、名刺を持ったこともない」という人もいる。そんな自衛官を民間のビジネスの場に出すわけなので、自衛官の第二の人生の充実のためにも、自衛隊としての面子のためにも、ある程度手厚く行う必要はある。ちなみに1佐に限ってはその人数も多くないことから、東京・小平学校に集められ研修を受ける。

定年前には、希望者に対し資格取得も支援する。たとえば自治体の防災部署での再就職を希望する自衛官に対しては、防災・危機管理教育を行う。ほかに取得できる資格としては、前ページのようなものがある。

ただし、援護関係者によると、「資格取得が必要な再就職先は数パーセントにすぎない」という。

「自衛隊の中には、『資格ホルダー』のような人も一定数存在します。とにかく資格をたくさん取っていれば、『その資格が何かで使えるかもしれない』と思っている人がいますが、それは甘い」

実際取材の中でも、「資格を取得したが、その資格は生かせていない」という声が目立った。資格取得の姿勢自体はプラスに捉えられるとしても、自費で資格取得に励んだという元自衛官は、「定年前に慌てて取った資格はいままったく生かせていません。多数の資格を持っていると確かにそのときは満足感を得ることができましたが、それよりも、多くの場合は再就職先を厳選して必要な資格・免許の取得に努め、取得にかかる費用を老後の資金に回すことのほうが重要でしょう」と話す。

自衛隊で培った意識を「改革」せざるを得ない現実

さて、教育の話に戻そう。再就職に関する教育の内容は、年々少しずつ変化している。近年行われている教育では、「これからの社会は受け身ではとてもやっていけない。口を開けていい再就職先を待っているだけでは自分に合った再就職先には出会えないし、そのような意識では再就職先でもうまくいかない」などと援護担当者らは忠告する。

「自衛官としてこれまで培った意識を、改革しなければいけない時期に来たんだということを必死で伝えています。結婚や子ども、ローンの有無、あとどれくらい教育費用が必要なのかなど、ライフプランは人によって異なりますし、一番重視することも当然異なります。再就職するにあたっては、自分にとって何が必要なのか、定年後はどのように生きたいのか、そして何ができるのかをまず把握することが重要です」

とはいえ、そのようなキャリア形成を意識してこなかった自衛官に対し、限られた時間で意識を変えさせることはなかなか難しい。そして自衛隊に限った話ではないが、アンテナ感度の高い者は、たとえ教育を行わなくてもどんどん自分を高める一方で、何をどれだけ言ってものれんに腕押しの者もいる。

自衛隊で受けた教育について、「参考になった。定年後の人生を考えるきっかけになった」と話す者ももちろんいるが、援護担当者らが熱意を込めて行ったその教育の内容を、「よく覚えていない」と話す元自衛官は少なくない。取材した中では、「ただ同期と久しぶりに会える機会だとしか思っていなかった」「周囲はみんな寝てばかりだった。同期の一人は寝すぎて怒られ、教育途中に部隊に戻されていた」と振り返る人もいた。

加えて、教育を行うのも、もれなく自衛官もしくは自衛官ＯＢとなるため、「そもそも民間企業の経験のない人物が民間企業を語るのはおかしいだろうと思っていた」という声もあった。

そして定年1年から6か月前を目途に、援護担当者による面談や、求職票（希望業種や勤務条件等を記入）の記載を行う。自衛官自ら求人票を見て応募したい企業を見つけるか、援護担当者が勧める企業への受験を受諾したら、履歴書の書き方や面接対策まで援護担当者のフォローを受けつつ、内定を得るに至る。また援護協会の各支部では求職者の情報をホームページで公表しているため、企業の採用担当者がそれを見て、逆指名してくるケースもある。

企業との面接の結果、不合格となることもあるが、担当者がマッチング度合いを確認してからの受験となり、かつ丁寧にフォローするため、不合格はそこまで多くない。多くの隊員に対して、再就職先の決定に際して最も影響を与える要因は、その業種に再就職した先輩のからのアドバイスであると援護関係者は話す。

援護の中で紹介される求人は「一人一社」が基本だ。高校や高専も一人一社制を取っているが、一人一社制には援護する側が手厚くサポートでき、内定率を高め、内定辞退率を低下させられるというメリットがある。

もちろん隊員としても、意に沿わない就職先は断ることができる。そして内定を得ればそこで自衛隊内での「就職活動」は終了する。

ただし、このシステムに不満を持つ隊員も少なくはない。たとえば、次のような不満があった。

「私を担当する援護課は、私の経歴や私の能力が生かせる職種などをまったく考えず、『たまたまそこにあった』求人を横に流しただけのように感じた」

「何社か紹介して選ばせてくれるものかと思っていたので、このシステムには面食らった。紹介する側と紹介される側の力関係が生まれてしまい、何度も断ると『もうあなたに紹介できる仕事はありませんよ』と上から目線で告げられた」

「うがった見方かもしれないが、援護担当者に近しい隊員ほど、『よい職場』を紹介してもらえているように見え、不公平に感じた」

一方、自衛隊に求人を出す企業は、自衛官の何を評価しているのか。援護担当者や元自衛官を雇用する企業に聞くと、「公務員、ひいては自衛官という信用」「これまで真面目に勤めてきた実績」「体力があることが証明されている」といった声が返ってきた。

また大きな声では言えないが、「体力のある人間を安く雇える」というメリットもあるだろう。転職エージェントを使うにも、新聞に折り込みチラシを入れるにも、少なからず費用が発生する。それが自衛隊を通せば無料なうえ、若年退職者給付金もあるため、「そこまで高い給料を払わなくても雇用できる」との思いもあるようだ。

多くの自衛官は、「最終的には援護が何とかしてくれる」との思いを持っている。その思いを持つこと自体は悪いことではないと思うが、ある援護関係者は、「自衛官は積極的ではなく、受け身（援護側からの求人を待つ）のタイプが多いように感じる」と話す。いわく、「やはり、自衛官の仕事は『命令・指示を受けて行う』ことが基本。また、自衛官時代は社会との接点が少なく、民間が何をやっているのかもよくわからない。それが受け身になる要因ではないかと考える」。

手取り16万円…給与が激減

話を聞く限り、多くの援護担当者は真摯に「退官者の第二の人生」に向き合っている。

援護担当者の話を聞けば、「本当に隊員一人ひとりに寄り添い、親身に活動している」と思わされる。

ただし、援護を受ける側の思いは千差万別だ。「援護は本当によくしてくれた」「援護にはまったく文句はない」という声のほうが大きいことは強調しておきたい一方で、不満の声も上がる。たとえば、下記のような思いであり、その声は決して小さくはない。

「幹部には熱心に求人を提供していたようだが、私たち陸曹は『ハローワークに行ってくれ』と言われた。田舎なので仕事の数がそもそもなく、幹部の仕事先を押さえるのに手いっぱいなのだと感じた」

「希望就職地を挙げろと言われるが、希望就職地は県単位で挙げなければならない。そうすると就職援護はその所在県の就職援護組織が担当し、その指定県内のみの就職先しか探さない。就職の選択範囲が一つの県に絞られてしまう前近代的な縄張り思考から脱却できていない」

取材の中では、他省庁をうらやむ声も聞かれた。他省庁には、多くの外郭団体や関連団体を有するところもある。そのような団体には、幹部から一般職員まで、複数のＯＢ

の最終就職先としての側面もある。「たとえば警察職員なら交通安全協会がある。定年年齢も高いうえ、強固な再就職先があることは本当にうらやましい」と、ある元自衛官は話す。

それでも、「自衛官は民間企業と比べても潤沢な退職金がもらえるうえ、若年退職者給付金も支給される。しかも再就職先まで用意してもらえるだって？　十分すぎる待遇じゃないか！」と思った方もおられるかもしれない。

しかし本当に、そこまでうらやむべき話と言えるのだろうか。たとえば鈴木健一氏（仮名）は、昭和の終わりに陸上自衛隊に入隊し、平成の終わりに54歳・1尉で定年退官を迎えた。国連平和維持活動（ＰＫＯ）やイラク派遣など、緊張を伴う仕事もあったが無事に達成し、満足感とともに自衛官人生を終えた。

東北地方に住む鈴木氏が、再就職先として希望したのは輸送関係の企業。そのため、自衛隊の支援を受けて自動車運転免許やフォークリフト操縦免許といった複数の資格も取得した。しかし、自衛隊から提示されたのは「地方銀行の営業職」のみ。

どうしても地方では、東京と比べて求人が圧倒的に少ないことは否めない。また、年間数千人が退官するとはいえ、全国津々浦々に基地・駐屯地があり、退官日は「誕生日」と決められているため、そのときに求人があるかどうかはまさしくタイミング次第ともいえる。

鈴木氏の場合も、退官時期がちょうどその職場に在籍していた元自衛官が離任するタイミングだっただけに、援護担当者はその求人を猛プッシュ。というよりも「ほかには紹介してくれなかった」と話す。鈴木氏は結局、その紹介を受け入れた。

援護にもタイミングがあることはよくわかっている。地方銀行は地元では〝一流企業〟であり、そこで勤務できることに、家族も好意的な見方を示した。しかし、自分がかねてより輸送業界を希望してきたこと、そのためにさまざまな資格を取得してきた努力が徒労に終わったことに、残念でもどかしい気持ちは消えなかった。

「銀行の営業」といっても、その対象は民間人ではなく、自衛官に限る。金融機関などでは、このように「自衛官に対する営業を元自衛官に任せる」という例も少なくない。このことに、「適材適所だ」と話す人もいれば、「自衛官をあくまで〝自衛隊の世界〟に押し込めようとする意図がありありと見える」と話す人もいた。

鈴木氏のモットーは「向き、不向きよりも前向きに」。自分のできることを探しながら、仕事にいそしんだ。50代にして、誰かに名刺を手渡すのもはじめて。試行錯誤を繰り返しながら、隊員の資産に関する相談に乗り続けた。隊員から「ありがとう」と笑顔を向けられたときには、やりがいを感じた。

だが、どうしても給与面では不満があった。月収が手取りで15～16万円にしかならないのだ。同期の自衛官に話を聞いてみても、とくに自分だけが低いわけではないこともわかった。「まだ住宅ローンや教育資金も必要なのに、これではしんどい。援護に頼るべきではなかったのか」とまで思うようになっていった。

散々悩んだ挙句、鈴木氏は地方銀行を後にする。自己開拓の末選んだのは、もともと希望していた輸送関係の仕事だ。給与も上がり、「いまは毎日が楽しい」と話す。

10人に1人が半年以内に、4分の1が4年以内に転職

実は鈴木氏のように、せっかく決まった再就職先を、早期に後にする人は少なくない。

援護関係者によると、自衛隊がデータを取っている再就職後半年以内の離職率は約10％。つまり、10人に1人は再就職から半年も経たないうちに、再就職先を離れるという。その後については自衛隊として調査を行っているわけではないものの、「退職自衛官の再就職を応援する会」によると「3～4年のうちに4分の1程度は離職してしまう」と話す。取材した中には、「自分の知っている限りで言うと、半年のうちに3分の1ほど退職し、2年以内に70％ぐらいは退職している」と話す人もいた。

大卒新入社員の、入社3年以内の離職率は3割程度だと言われているが、自衛隊を定年退官した自衛官もそれと似たような数字となっている。また、一般的な民間の転職では、自分自身のスキルや経験を棚卸ししたうえで転職を行うわけであり、それでも離職者は決して少なくないのだから、「これまで命令にはすべて『はい』と答えてきた。援護担当者に紹介された仕事についても『はい』と言う」といった姿勢のままだと、民間企業ではしんどいかもしれないとも思う。それでも、筆者個人としては、30数年も一つの職場で切磋琢磨し、ときに理不尽に思える命令にも耐えてきた自衛官の少なくない割合が、あっさりと再就職先を離れてしまうことには驚きを禁じ得なかった。

２０１８年に陸上自衛隊を54歳・３佐（定年時特別昇任）で退官した遠山道弘氏（仮名）も給与の少なさが原因で職を辞した一人だ。

遠山氏は、再就職に際し損保会社を希望したものの、タイミングが合わずやむなく警備会社に就職を決めた。ただ、就職時には無線関連の業務を任せてもらえると聞いていたところ、入社後に求められたのは警備員としての業務だった。当初は「いまは無線関連の仕事の枠がないため、一時的にお願いしたい」と頼まれたため仕方なく応じたものの、その後、実は当面無線関連の仕事の空きが出ないことを知った。会社からは再度「そのまま警備員をやってほしい」と頼まれたものの、「話が違う」と退職の道を選んだ。ただ幸運なことに、たまたまその時期にもともと希望していた損保関連の仕事の求人を発見。無事内定に至った。身分は契約社員だが、職場環境は極めてよく、「ここなら定年まで働きたい」と思うほどだった。

ところがある日、ふと家計を見直したところ、退職金や若年退職者給付金がどんどん減っていることに気がついた。「このまま減り続けたらどうなるだろう」。危機感を抱いた遠山氏はファイナンシャルプランナーのもとを訪れ、収支に関するシミュレーションを実施。その結果、数年で貯金が枯渇することが判明した。

当時の給料は手取りで20万円。これまで特に贅沢をしてきたつもりはなかったため、「お金がなくなるかもしれない」とは考えたこともなかった。しかし専業主婦の妻、大学生となり一人暮らしを始める娘、障害を抱えた息子……。この給料で家族を支えることは難しかった。車の維持費すら頭が痛くなるが、地方の生活に車は欠かせない。

ファイナンシャルプランナーからは、「収入を上げることが望ましい」と指摘を受けた。そこで、やむなく恵まれた職場を離れ、完全歩合制のタクシー運転手に転職を果たす。研修期間は苦しい日々だったが、いまは妻も派遣社員としてほぼフルタイムで仕事を始め、「ようやくなんとかなってきた」と話す。

なおこの「給与が少なく離職」というのは、近年になるほど差し迫った問題となっているようだ。いまは再就職に向けた教育の中でも「再就職後に資産形成を行うのは難しい」と話すというが、筆者が取材できた中では、70代以上では「退官後、お金に困ることはなかった」と話す傾向にあった。

「そもそも援護とは何かがわからなかった」

なぜ、そうなるのか。かつては年金受給開始年齢も早かった。１９４１年4月2日より前に生まれた場合、60歳で報酬比例部分と定額部分を足し合わせた年金をもらうことができた。それ以降はまず定額部分の支給開始年齢が、次いで報酬比例部分が引き上げられたが、１９５３年4月2日より前に生まれていれば、60歳から報酬比例部分の年金をもらうことができていた。報酬比例部分も定額部分もなくなり、完全に65歳からの支給となったのは、１９６１年4月2日生まれ以降の人である。また２０１５年までは共済年金の制度があり、公務員はいまよりも手厚い保障となっていた。

そのうえ、退職金も昔のほうが多かった。そして税金と物価はかつてよりも上がっている。退職金が大きく下がったのは「官民格差是正」のためだが、日本全体が貧しくなっていることが、自衛官にも大きな影響を与えている。

なお、取材ではさまざまな年代の方に話を聞いたが、本著における分量としては意識的に退職してからまだ日が浅い人を多く取り上げた。というのも、軍事、再就職、お金を取り巻く環境が変わってきているため、なかなか一概には「自衛官は皆こういう環境に置かれている」とは言いづらいからだ。

ちなみに、高齢になればなるほど、「『自衛官』のまま定年を迎えるとは思わなかった」と話す傾向にあった。

彼らのうちの一人はこう話す。

「自衛隊は軍隊の仮の姿であり、いつかはまた軍隊に戻るのだと信じていた。日本が戦争を起こさなくとも、何らかの軍事的動乱に巻き込まれるものだとも覚悟していた。それが何事もなく、定年して第二の人生を歩むことになるとは想像もしていなかった。軍人として生涯を終えるものだと思っていたのだから、再就職を援護してもらうことなど考えたこともなかった」

その思いは、「再就職を疑っていない」いまの自衛官とは異なるものがある。

加えていざ定年を迎えるにあたっては、市場の相場もわかっていないので、「『さて、自分にどんなポストを持ってこれるのか、お手並み拝見』といった態度の高級幹部もいた。自分の思うようなポストではないとわかると激昂する人もいた」とかつての援護担当者は振り返る。ただこのような態度は、令和のいまも決してゼロにはなっていないようだ。

もちろん「援護を想定していなかった」というのは、援護をする側も同じだ。北海道の道北で初期の援護を担当したという元陸上自衛官の佐伯忠史氏は、「援護室長を命じられたが、そもそも『援護とは何なのか』がわからなかった」と振り返る。

「自衛隊は朝鮮戦争を機に警察予備隊として発足し、30年を経て当時入隊された方々が続々と定年を迎えることになった。時の陸幕人事部長志方俊之陸将はこれを『60年危機』と捉え、昭和61年から『輝号作戦』という人事諸施策を実施しましたが、再就職援護もその一環です。53歳から60歳と言えば、人生で一番お金がかかる時期です。官舎を出て家を持たねばならぬ、子どもの教育、親の介護……。そう考えると、再就職援護は必須の課題だというわけです。

当時北海道に重点配置していた自衛隊の退職者は、当然ほかの地域より多い。おまけに道北は企業数も少なく、折からの円高不況や国鉄、電電公社の民営化で求職戦線は競合する。いまにして思えば、大変な難任務だったのです」

まずは定年退職者、任期制除隊者の階級別の人員とそのペース、そして対応する地域ごとの受け皿（企業数、協力数、職種・業種）の把握から始まり、そして企業や自治体、商工会議所や個人商店まで足を運び、直々に求人を依頼。地本、業務隊、師団司令部がバラバラにやっていた援護の協力者づくりも一体的にやる必要もあり、そこには相当な苦労があったという。そもそも、「自衛官として培った能力を生かせる再就職先が少ない」ことには、もどかしさを覚えていた。在職中から退職後の社会に順応できる素地の養成や資格の取得が必要だということに、早くから思い至っていたという。

「艦艇や航空機、ヘリコプターの操縦技術、パラシュート降下技術、爆発物処理能力、通信・電子能力、サバイバル能力。そして何よりも任務第一の忠誠心に勤勉さ、強靭な体力……。民間の追随を許さない素晴らしい能力を持った人たちなのに、頭を下げて民間企業の小さなポストをもらうことに汲々としなければならないことは何ともやるせなかったですね」

そこで佐伯氏自身も、個々の援護の傍ら「誇りある大きな雇用を自前でつくり出せないものか」と何度も考え、「国際レスキューカンパニー」や「国際セキュリティカンパニー」の立ち上げを構想した。前者は警察・消防も加えて自衛官主体で構成し、世界のどこかで災害が生起したら、世界に先駆け、一番に駆けつけて活躍する組織。そのような組織があれば、世界中に感謝され、国威発揚にもなるだろうと考えたが、安倍晋太郎氏があっという間に法制化。後者の構想では外務省や海外進出企業、損保会社などとも接触した。日米共同訓練で知遇を得たグリーンベレーの元隊員にも協力を仰ぎ、彼の元上司が社長となってアメリカでの会社の登記にまでこぎつけた。ただし日本では、いくら説明してもなかなかこの事業の必要性を認識してもらえなかったという。そのうち佐伯氏が第一線の部隊勤務となったこともあり、活動は途絶えた。

「そもそも、現役自衛官ではこの構想の実現化は無理で、強力な官・政・経済界の理解と後ろ盾が必要。一人でやるなら相当の財力と人脈を持たねば難しい。しかし、前出の志方陸将がかかわった河川情報センター（後に防災ソリューション）や、ＪＭＡＳなど見事に成功した例もある」と語る。

「幹部でなければ年収200万円でよしとしなさい」

先の章において、防衛省としては、再就職先の給与と若年退職給付金を足し合わせて現職時代の75％の給付水準を目標としていると述べた。民間企業においても、55歳ごろに役職定年が設定され、その後給与が下がるケースもあれば、60歳を区切りに給与を下げるケースも多い。一般的には、60歳を過ぎると以前の7割程度の給与水準となっているようだ。

また自衛官以外の公務員でも、定年年齢が引き上げられつつあるものの、60歳に達した職員は原則として管理職から外す「役職定年制」の導入や、給与を60歳時点の7割水準とすることが決められている。

そんな中で、本当に自衛隊を去った自衛官が、現役時代の75％を確保することができるのであればまず悪くない話だ。しかし、これはあくまで「目標」であり、達成されていないケースも多い。

やはり先の章で、「再就職後の給与平均は尉官で400万円前後、准曹で300万円台」とも述べたが、これも「平均」にすぎない。東京付近の求人が平均給与を押し上げており、地方に行けば行くほど厳しい現状がある。とりわけ東北や九州など、とくに求人が少ない地域では、尉官であっても２００～２５０万円ほどの給与水準の地域もある。加えて求人の多くが、警備や輸送といった体力勝負の業務であることも事実だ。

なお自衛隊援護協会によると、退職自衛官の平均月収は２０１５年時点で22万２４００円。一番多いのは15万円以上～21万円未満の44・３％であり、次に21万円以上～30万円未満で32・４％、30万円以上が13・５％となっているが、15万円未満も９・８％と決して少なくはない。

実際、地方で再就職を支援する立場に就いたことがある元自衛官は、「幹部でなければ『年収は２００万円あればよしとしなさい』と指導していた」と振り返る。現職の年収とのギャップの大きさや、現場仕事が多い求人に不満を漏らす者もいると言うが、「自衛官の持つスキルを考えれば、その年収が現実。それに我慢できなければ、自分で探すしかない」と話す。

民間はシビアだ。自衛隊生活の中で部下の隊員をまとめあげ、さまざまな活躍を見せたところで、それがイコール「民間企業で即戦力として認識されるスキル」にはならない。また、確かに、求人の数はある。ただ企業としては、「『給料は落としたくない、休みはほしい』と希望する自衛官がいるが、給料を落としたくないならキツい仕事しかないし、休みがほしいなら給料は我慢しなければならない。自衛官はその意識が薄い」との本音も漏らす。55歳で750万円あった年収が、その翌年には200万円になる。同い年で普通の企業や自治体に勤めている人間はもっともらっている。年金まではまだまだ……。これは正直、しんどい話である。

ある元自衛官はこう話す。

「退官したとき、もちろん若いころに比べれば多少の衰えはあるものの、まだまだやれると思っていました。再就職して、慣れない職場、慣れない仕事、慣れないビジネスマナーを乗り越えて、年収250万円。退官してからはじめて気づきましたが、私は700万円程度の給与をもらうことで、『自分はそれだけの価値がある人間だ』と無意識のうちに思っていたのだと思います。それがガクンと下がったことで、『これだけ頑張っても、自分の価値はこんなものなのか……』と非常にショックを受けました」

やるべきことを「やらない」勇気

また、ある援護関係者は、「給与の問題だけではなく、仕事や人間関係が合わずに再就職先を辞めるケースも非常に多い」と話す。

「意外に思われるかもしれませんが、自衛隊ではオンとオフの区別、業務の範囲がはっきり決まっています。自分の担当以外の職務をやることはないですし、とくに准曹たちは終業時刻になれば帰ります。ところが、民間ではそうはいかないケースも多い。終業時刻になったからといって帰れないことも珍しくありませんし、就職を決めたときに説明されていた仕事の内容と異なる業務を任されることもあります」

取材の中でも、「当初聞いていた話とは違った」と話す人は多かった。先に挙げた遠山氏の事例もそうだが、たとえば「オーナーがワンマンで、まったく裁量の余地がなかった。1～2時間のサービス残業を要求されたことで退職を申し出た」「小さな会社の社長付の運転手として入社したが、ふたを開けてみればプライベートの送迎や社長の家族の送迎もさせられ、土日も呼び出されるようになった」「部長級の待遇とのことだったが、入ってみれば何の説明もなく課長級とされていた」など。

また、人間関係でトラブルが起こることもそれなりにあるという。自衛官は一般的に、「言われた通りのことを文句も言わずに遂行する人々」というイメージを持っている人も多いかもしれないが、実際はそうとも言えるし、そうでないとも言える。というのも、確かに一たび「命令」が下されると、腹の中でどのような思いを抱えていようがその命令を遂行しなくてはならないが、そこに至るまでの過程では、それなりに自分の意見を述べる自衛官も多い。

自衛官の多くは、極めて実直だ。心の中に、正義の火を灯している人も多い。しかしその実直さや正義心が、ときにトラブルを巻き起こすこともある。

たとえば海上自衛隊を54歳・1尉で退官した金沢純一氏（仮名）は、上司とのトラブルがもとで再就職先を早期退職した。

自衛隊の援護を受けて金沢氏が就職したのは、小さな物流会社。入社時は「さすが元自衛官」と持ち上げられ悪い気はしなかったものの、徐々に業務量が増え、残業をしなければとてもこなせなくなっていた。金沢氏だけが仕事が遅いわけでもなく、会社全体に残業が常態化している状態だった。同社では固定残業制度が導入されていたものの、その残業時間を超える前にタイムカードを押すことが暗黙の了解となっていた。

一人ひとりのキャパシティを越えた業務を割り振ること、残業時間分の給与が払われていないことに対して、金沢氏は「おかしい」と声を上げた。上司は、「君の言いたいことはわかる。しかしいまは辛抱してくれ」と告げたが、金沢氏は「『いま』というのは具体的にいつまでを指しますか」と追及の手を緩めなかった。上司は苦い顔をして、話を濁した。

その後も金沢氏は声を上げ続けた。それは自分のためだけでなく、ほかの社員のためにもなると思ったからだ。しかし、ほかの社員は、意に反して金沢氏に賛同してはくれなかった。

「私は間違ったことはしたくありませんでした。長い目で見て会社のためになると思い、正しくあらねばならぬと言い続けた結果、すっかり煙たがられてしまいました。誰しも一人では戦えません。すっかり心が折れてしまいました」

小さい企業であればあるほど、その経営は経営者のトップダウンで行われるケースが目立つ。その企業運営は、決して合理的とはいえないものもあり、「正義」に敏感であればあるほど、その不合理さを飲み込むことができなくなってしまう。

幸い、金沢氏は別の物流関係の企業に再就職を果たし、現在は「それなりに満足している」というが、当時抱えたモヤモヤはいまも心の中に残っている。

また、世間の目は自衛隊に好意的になっているとはいえ、「自衛隊」「自衛官」に警戒感を抱く人も決してゼロにはなっていない。「『自衛官ならこれくらいできるんだろ』と、入社後すぐに10年選手と同じレベルの業務水準を要求され、間違えると罵倒された」「『自衛隊時代の話はしないでくれ』と言われたことがある」などと話すケースもあった。

理想と現実とのギャップに悩む

援護関係者は言う。

「自衛隊でも、自衛隊に強い憧れを持って入ってきた人は、案外うまくいかないことがあります。『災害派遣で日本国民を助ける自衛官の姿に感動して自衛隊に入隊したのに、実際の自衛隊は訓練ばっかりじゃないか』『みんな国防に燃えた人たちばかりだと思っていたのに、そんなことはないのかとがっかりした』と、理想と現実のギャップに消耗してしまうからです。

退官するとき、多くの自衛官は自衛官としての自信や自負を持って退職していきます。しかし、実際に再就職してみて、多かれ少なかれ『思っていたのと違う』と感じることがあるかと思います。『正しいことをやらなければならない』との思いを強く持っている人ほど、消耗してしまう傾向にあります。やるべきことをやるだけではなく、やるべきことを『やらない』というバランス感覚も必要になってくるのです」

またそう多くはないかもしれないが、責任感の強さから辞職する人もいる。ある企業に就職した元幹部は、入社後すぐに職員のマネジメントを任せられることになった。同社は長らくマネジメントに課題を抱えており、大勢の部下をまとめあげてきた「幹部自衛官」としての手腕に期待をされての抜てきだった。

確かに、幹部自衛官にとって「人心を掌握する」という手腕は求められる資質の一つである。ただその手腕は「自衛隊」という環境において発揮されたものでもある。一方まかされたのは自社を取り巻くビジネス環境も、はたまた会社の風土も理解できていない中でのマネジメントであり、そもそも社内で解決できていない問題を丸投げしたのは、はたから見れば無理難題とも思える。しかしその元幹部は、「任された職務をまっとうできないのは申し訳ない」と責任を一身に受け止め、辞職した。

早期退職を選ぶ場合には「自衛隊で給与を蓄えたから」というケースもあるが、やはりこのケースは年金受給開始年齢が早かった元自衛官に多くみられ、最近は少なくなってきている。

体力が自慢だったのに……怪我、うつ病で働けず

ここまで紹介したのは、「自分の意思で職を辞した」ケースだが、中には心身の不調により退職せざるを得なかったケースもある。

多くの元自衛官が選ぶ警備員や輸送業といった仕事は、当然ながら身体が資本となる。その点で、屈強な身体を持つ自衛官が重宝されるわけだが、どれだけ鍛え上げていたと

しても、心身の不調は突然にやってくる。

島野忠和氏（仮名）は、高校卒業後に陸上自衛隊に入隊、54歳で退官する。普通科隊員として在職中はランニング、筋トレと体力づくりに余念がなかった。若い隊員たちに交じって駆け足をしても、そん色のない存在。先に退職した人らの声を聞き、「警備員なら問題なくやっていけるだろう」ととくに大きな不安も抱かず警備会社への再就職を決めた。配属されたのは、金融機関での警備。「覚えることがそう多いわけではなく、まあ想像通りといった仕事でした」と振り返る。

しかし、再就職してから1年もたたずに、自衛隊時代から抱えていた腰痛が悪化。歩けば脚にもしびれを感じ、歩くことすら億劫（おっくう）になった。病院にも通い、少しよくなったと思ったらまた悪化するというループを繰り返した。

「腰が痛いので仕事を休ませてください」。苦渋の思いで職場にそう告げるたびに、「職場に迷惑をかけている」との思いが島野氏を苦しめた。若い隊員にも負けない体力が自慢だった自分が、いまや「ただの老人」になってしまった。そう思うと、自衛官時代にもそう流すことはなかった涙が勝手に出てきた。いつの間にか食欲も減っていった。あれだけ好きだった肉も、喉を通らなくなっていった。

そんな島野氏を妻も心配し、半ば引きずられるようにして心療内科を受診させられた。診断結果は「うつ病」。自衛隊時代に培ってきた「強い自分」が音を立てて崩れたような気がした。

「もうこれ以上、職場に迷惑はかけられないと思い、退職届を出しました」

会社は、島野氏を引き留めることもなかった。

「退職届を出した翌日からしばらくは、部屋から出る気力もありませんでした。中には何度も連絡をくれた同期もいましたが、連絡を返すこともできなかった。妻がいなければ、そのまま孤独死していたと思います」

頼みの綱は妻の存在だった。無理に叱咤激励することもなく、そのままの島野氏を受け入れてくれた。家計的にも、妻が仕事を続けていたことで何とか助かった。若いころには「専業主婦になってほしい」と思う島野氏と仕事を続けたい妻の間で喧嘩もあったが、妻の覚悟が時を経て、島野家を救った。

1年ほどが経ち、腰痛や脚のしびれ、うつ病は「完全に治った」とまではいかないが、徐々によくなっていくのを感じた。「妻にばかり頼ってはいられない」との焦燥感から正社員の道を探ったが、身体を使う仕事には不安があった。しかしそれ以外に就けそうな仕事も見当たらなかった。

結局選んだのは、最寄駅から数駅先にある薬局でのアルバイトだった。徒歩圏内にもアルバイトを募集している店はあったが、生活圏内で見知った人たちがいる中でのアルバイトには抵抗があった。シフトは週3で最大5時間。それがいまの島野氏の〝限界〟だ。月収にして7〜8万円程度。一人で家計を賄うにはまったく不十分だが、妻の収入と合わせることでなんとか日々の生活を送っている。

主な仕事内容は品出しや棚卸し、店内の清掃。うんと年下の店長に指導されることもしばしばある。島野氏の仕事ぶりが評価されているかは「自分ではわからないが、決して高い評価を受けているわけではないと思う」と話す。

仕事には復帰したが、いまも自衛隊時代の同僚らとは距離を置いている。「みんなには、自衛隊時代の『強い自分』だけを覚えていてほしいという、ちっぽけなプライドがあるんです」と話す。

自衛隊には、いまも感謝している。一方で、複雑な思いもある。

「勉強も嫌いだった自分を拾って一人前に育ててくれた自衛隊には、いまも恩義を感じています。だからいまから言うことは、過ぎた望みかもしれません。もし自衛隊にいるときに身体を壊したのであれば、どのような形であれ居場所があったと思うのです。再就職先にしろ、体調を加味したところを紹介してくれたでしょう。

自衛隊は身体を使うので、慢性的な怪我を抱えている隊員もいます。命令を受けて身体を使うことしか知らない彼らが、私のように外の社会に出て身体を壊したとき、受け取れるものはあまりにも少ないのです。いま振り返ってみても、自分がどこでどうすればよかったのか、わかりません。私のような人間を生み出さないためにはどうすればいいのか、自衛隊も『定年後は頑張れよ』ではなく、頭のいい人たちにもっと深く考えてもらえたらなと思います」

くも膜下出血で死を意識

　もちろん、年を取れば取るほど、誰しも怪我や病気のリスクは大きくなる。先に援護の立場で紹介した佐伯忠史氏は、1999年に56歳・1等陸佐で退官。何度か転職を繰り返した後、69歳のときに職場でくも膜下出血に襲われた。

　佐伯氏は「最高の職場だった」と振り返る自衛隊を退官した後、援護担当者が提示してくれた空港地上サービスの会社に再就職を決めた。実務経験はないものの保有していた簿記2級の資格が評価されて経理を担当することとなり、最終的には総務部長まで昇進。業務内容も資金繰りや決算から人事諸業務に社内諸行事企画運営まで幅広く、果ては企業の吸収合併まで携わった。多忙ながら楽しく働いており、定年後も役員として勤務することが既定路線となっていた。

　しかし、企業の吸収合併を機に新規事業部長に就任したものの、新規事業の運営について社長と意見が合わなくなり、暗に「定年でお引き取りを」と迫られた。

　この後は声をかけてくれた特殊土木建設業の会社に取締役として迎えられたが、母の入院を機に退職。母の回復後、東京で再度、再就職する。防大同期の縁で声をかけられた排水浄化槽の設置・管理を行う会社で、組織づくりが遅れているとのこと。渡りに船とばかりに飛びつき、部下のいない総務部長として組織づくりに尽力した。

ここでも充実感を覚えていたものの、入社後7年目、〝それ〟は起こった。いつも通り、ほかの社員よりも少し早く出社し、窓を開けて空気を入れ替えたり、お湯を沸かしたりしてから屋上で筋トレをしていたところ、突然、後頭部をバットで殴られたような衝撃と首・肩の痙攣、経験したことのない猛烈な頭痛に襲われた。

日ごろより病気について勉強していたため、「脳溢血や脳梗塞といった脳卒中であれば意識障害が起こり、ほとんどの場合昏倒・気絶するはず。これはくも膜下出血に違いない」とすぐに判断。「ここで病院に運ばれたとしても、生き残る確率は50％程度。しかも、たとえ命は取り留めたとしても、そこから後遺症が残る可能性も高い。もし障害が残れば、家族は長年苦労することになる」と考え１１９番通報はしなかった。かねてより「ピンピンコロリ」を望んでいた身としては、むしろ願ってもない機会の到来かもしれない――。本気でそう結論付けた。

そこで頭痛はやまない中、ほかの社員が出社するまでに段ボールに私物を詰め、「後送依頼」の紙を張り、ＰＣの中を整理。「入院も遺体引き取りも近所のほうが楽だろう」と考え、早退して帰宅し、近所の総合病院で受診した。医者に告げたのは、ただ「手遅れなのは自分の責任なので、死んでも決して苦情は言わない。ただ頭痛だけはモルヒネでも何でも打って何とかしてほしい」ということだけ。

医者はいぶかしげな表情を浮かべたが、とにかくＣＴスキャンを指示。画像を見た医師はすぐに「こりゃいけない、くも膜下出血だ」と顔色を変え、佐伯氏はすぐに集中治療室へ運ばれた。開頭手術かカテーテルかを検討している様子だったが、不思議なことに頭から血が引いていくのを自分でも感じていた。「様子見」との判断が下され、４日後に一般病棟に移された。

奇跡的に、運動機能や視聴覚機能、言語障害などの後遺症は一切出なかった。そして4週間ほどの観察・リハビリを終え、職場に復帰した。その1年後、社長交代があり、70歳になったタイミングで職を辞した。

いま佐伯氏は、隊友会、偕行社、町会、同窓会などで自衛隊とも自衛隊以外ともかかわりを持ち、近所で詩吟や謡曲の教室といったカルチャー活動にいそしむとともに、防災ボランティアにも尽力する。この原動力は、くも膜下出血にある。一度は死を覚悟したにもかかわらず、奇跡的に一命を取り留めたことで、何不自由なく生活できていることを感謝するようになったのだ。

「高齢者となった自分にできることは何か、元自衛官として後輩にしてやれることは何か……。大げさに言えば世のため、ささやかでも人のために活動したい。それが生かされている意味だと考えています。もちろん残りの人生を楽しみながら」

平時の自衛隊は「民間より楽」

ここで筆者にとって意外な指摘をしてくれたのが、防大を卒業し、陸上自衛隊を1佐で退官した元心理幹部の下園壮太氏だ。下園氏自身、心理カウンセラーとして多くの著作を出版するなど、豊かな「第二の人生」を歩んでいるが、現役自衛官時代には、同氏は陸上自衛隊の心理のエキスパートとして、自衛官の心に触れ続けた経験を持つ。

一般的に、「自衛隊は訓練も上下関係も厳しく、ストレスがかかる組織だ」と認識している人は多いのではないだろうか。しかし下園氏いわく、「有事になると話は変わるが、平時においては民間人よりも自衛官のほうが負荷が低い」という。

国防というやりがいとモチベーション、決められたスケジュール、それなりに恵まれた給与、用意された衣食住、志を同じくする仲間……。もちろん、自衛隊という環境をストレスに感じて退官していく者たちが後を絶たないことも事実だが、こと定年まで自衛隊に所属していた人間にとっては、「自衛隊ほど居心地のいい場所はない」と感じている人間が多いことも また事実なのだ。

そもそも一般的に、「退職」や「転職」といった事柄は、心理的に少なくない負荷を伴う。アメリカの心理学者ホームズとレイの調査では、ライフイベントにおけるストレスの大きさとして、10位に「退職」、15位に「新しい仕事への再適応」、16位に「経済状況の変化」、18位に「転職」が挙げられている。これらはいずれも「1万ドル以上の借金」や「親戚とのトラブル」よりも高い結果だ。ましてや自衛官の再就職は、30数年間にわたり国家防衛の任にあたった人間が、50代を過ぎて利益を追求する営利企業に勤めることを余儀なくされるケースが多いわけで、営業職がほかの会社の営業職に就くといいった転職よりもストレス度が高いことは想像に難くない。

加えて、50代後半ともなれば、必然的に自分の身体の衰えを自覚するだけでなく、両親の介護の問題なども出てくる。「退職後にはじめて親が認知症だと気づいた」と話す自衛官もいた。加えて晩婚化の進むこの時代、50代半ばで教育費が必要な家庭などごまんとある。夫婦間でも、「女房は給料が半分以下になったのに相変わらず偉そうな顔をする俺に不満を持ち、あわや熟年離婚の危機に陥った」と話す人もいた。

さまざまなストレスがボディーブローのように効いてくるのが、定年退官した自衛官の状況であるといっていいだろう。

まだ50代という若さで、居心地のいい場所を奪われ、「民間」というこれまでとはまったく違う環境に放り込まれるわけなのだから、退職後にうつ病を発症してしまう人が出てくることは、やむを得ないと言わざるを得ない。

ここで一口に「うつ病」と言っても、実はその要因はさまざまある。自衛官に多いうつ病は、前出の島野氏がまさしくそうだが、「真面目で几帳面な人間が陥りやすいうつ病」だ。慣れない環境の中で無理に無理を重ねた結果、気がついたときには心と身体が限界を迎えてしまうのだ。

そのような人たちにとっては、「自衛官としてやってきた」という誇りが、かえって自分を追い詰めることもある。自衛官というのは得てして、「弱さ」を見せることが苦手であり、「強くある」ことをよしとする人種だからだ。

しかもそういう人ほど、「自衛隊ではこれでよかった」と考える傾向にもある。下園氏は言う。

「自衛隊のやり方で突っ走っても、うまくいかないことはたくさんあります。たとえば車で走行するとき、高速道路を走るときと砂浜を走るときには、その走らせ方は異なりますよね。仕事も同じです。自衛隊と民間の仕事は同じ『仕事』ではあっても、意識的に行動を変える必要があるのです」

「人生の燃え尽き症候群」……自死を選ぶ元自衛官も

また下園氏によると、自衛官のかかりやすいうつ病の類型として、あまり知られてはいないが「荷下ろしうつ病」というケースもあるという。これは、心身にとって負荷の高いような状況から解放されたときに生じるうつ病を指す。いわゆる「燃え尽き症候群」にも近い状態だ。症状としては一般的なうつ病と同じく、抑うつ気分や睡眠障害、食欲の減退などが起こるもので、自衛隊で言えば、震災や海外派遣などを経験した自衛官にもみられがちなうつ病だ。

一般的にうつ病に対しては、運動が効果的であるとされていることはよく知られているだろう。もちろんそれは間違いないことなのだが、下園氏は「自衛官の場合、運動のしすぎには注意も必要」と指摘する。

「自信が低下してきたときに、特定の方法で自信を取り戻そうとするケースも多いのですが、自衛官の場合、それが『ランニング』や『筋トレ』である場合が多いんです。自衛隊で何か苦しいことやつらいことがあったときに走ることで解消してきたような人は、再就職先でうまくいかなくても同じように走ります。でも、走ったところで本質的な問題が解決するわけではないですし、若いころと違って過度な運動はかえって心身を消耗する結果につながります。走ることで本当にリフレッシュできるならもちろん止めはしませんが、『走らなくてはならない』という強迫観念に陥っていないか、ランニングがかえって心身を疲弊させていないかといった点にはチェックが必要です」

取材の中では、「定年退官後、同期が早くに亡くなった」と話す元自衛官も複数いた。ここには自然死もいれば、残念ながら自死もいる。

若くしての自然死も誠に残念な結果だが、さらに悲しい結果が自死である。ある元幹部自衛官は「同期が死んだ。あいつは自分の能力に自信があった。自信を持ちすぎていた。その結果、自分が思っていた自分と、再就職後に思うような仕事ができない自分との乖離を受け入れられなかった。自分の小ささを受け入れるよりも、人生から退場することを選んでしまった大馬鹿野郎だ」と話す。

また「自衛隊のことが大好きだった」というある准曹は、退官の直前に死を選んだ。「自衛隊を離れることに極度の不安を抱いていた彼は、再任用の試験を受けたものの不合格。再就職の前に自ら命を絶った」のだという。

と、ここまで散々危機をあおるようなことも述べたが、下園氏によると、50代で定年退官する自衛官だからこそのよさもあるという。それが「50代でキャリアを転換できること」だ。

「人生100年時代の中、働く高齢者も増加の一途をたどっていますが、65歳まで一つの会社で働き、そこから生き方を変えるのはかなりの困難が伴います。50代でそのチャンスを得られるほうが、圧倒的に適応力が高い。もう『自衛隊が終わったらあとは隠居生活』という時代ではありません。若くして再スタートを切れるメリットを十分に現役時代から意識し、生かしていこうとする姿勢が必要でしょう」

〝再再就職〟にはさらに高い壁

自衛官の再就職に際して、「退職自衛官の再就職を応援する会」で実質的な代表を務める元東北方面総監の宗像久男氏（陸将で退官）によれば、さらに大きな壁があるという。それが〝再再就職〟だ。

もちろん、再再就職を謳歌する人もいる。先に紹介した佐伯氏も、自衛隊退官後3社を経験したが、いずれも労せず再就職できたうえ、「充実した職場だった」と振り返る。しかし、宗像氏はそのような人は少数派だと指摘する。

「再就職まではよくても、その先の再再就職となると、ほとんどの人が苦労している現状があります。もちろん成功している人も少なくありませんが、『だから大丈夫』と言える状況ではありません。定年退官時点でも書類選考すら通らない人も多いですが、再再就職ではそれがさらに顕著になります。どれだけ活躍した人でも、書類審査で落ちてしまう。これは幹部でも准曹でも、パイロットでもレンジャーでも同じです」

転職に際しては、自分の経歴を棚卸しして、転職希望先の企業と「どういった能力やスキルが生かせるか」をすり合わせることになるが、自衛官の多くはその作業が極めて苦手だ。「『これまで自衛官一筋だったあなたに、当社で何ができますか？』と問われ、返答に窮した」と答える人もいた。

自衛隊ではある程度「階級」がその人を表していたのに対し、民間では階級は過去の栄冠にすぎない。これまで述べた通り、かつては退官してほどなく年金が受給できたことなどから経験せずに済んだ苦労を、いまの自衛官は経験せざるを得なくなっているのだと宗像氏は指摘する。

「退職直後は『元自衛官』としての経験が生かせても、再再就職を目指す60歳代前半ともなると、そのほとんどが〝賞味期限切れ〟となります。それなのに、これまで何とかやってきたことから、『これからも何とかなるだろう』と高を括っている元自衛官が非常に多い。そして職が見つからない場面に直面してはじめて、ようやく焦り出すことになります」

取材中、多くの元自衛官は「自衛官としての勤務をしっかりまっとうすれば、再就職先でも通用する」と話してくれた。それは間違いなく事実だろう。しかし、宗像氏はそのような思いにも注意が必要だと警鐘を鳴らす。

「自衛官としての資質や経験が強みになるのは、退職直後の再就職先においてです。残念ながら、再再就職においては、自衛隊の実績を評価してはくれません。それよりも、資格の取得をはじめこれまでにどのような挑戦をしてきたのか、視野をどれだけ広げられるかにかかっています。それを理解していない自衛官・自衛官ＯＢが多いことは大問題です」

困難な事態に直面しているのは、何も自らの意思で早期離職した元自衛官だけではない。いまの自衛隊の援護の制度では、援護を受けて再就職したとしても、契約期間が決められており65歳まで働けるとは限らないため、たとえ再就職先で円滑に働いていたとしても再再就職の必要があり、かつ苦労するケースも出てきているのだ。

転職サイトに登録し、エージェントと面談するも、「ご紹介できる仕事はありません。またマッチするお仕事がありましたらご連絡させていただきます」などと暗に断られた経験を持つ自衛官も一人や二人ではない。特に地方は厳しい状況がある。

「地方には、まず仕事そのものがないんです。企業としても、『幹部自衛官』や『自治体の防災監』という経歴を持つ人間を、どう扱っていいのかわからない。ハローワークにも通い、１００社は受けました。ですが、ことごとく駄目でした。『こんな素晴らしい経歴の人は当社では雇えない』という断り文句を、何度も聞きました」と語ったのは、第二章で紹介した元防災監の葛城氏だ。

職業に貴賤はない、でもやりがいがない

防災監を離れ地元に戻ってきた葛城氏は、夜勤をメインとする守衛業務に就く。「それしか選択肢がなかった」からだ。葛城氏は言う。

「職に貴賤はない。警備員という仕事に社会的な役割はある。それはよくわかっています。だが、誰にでもできる仕事をただこなしているだけで、やりがいは見出せないですね」

時給は最低賃金。同じ職場には、自衛隊からの援護を受けて就職した准曹がいるというが、葛城氏は自身の経歴を職場の誰にも明かしていない。それどころか、職場の同僚たちとほとんど会話をすることもない。

「地元の自治体に入った同級生は定年後、外郭団体に入って高い給料をもらっています。かたや自分が、『国家防衛のために尽くし、帰ってまいりました！』と言ったところで、地元からは求められませんでした。でも、年金がもらえるまでは働き続けなくちゃいけない現状があるんです」

地元に戻った葛城氏は、地元の歴史や政治活動に強い関心を持つようになった。防災

監としての知恵を生かし、自主的な防災組織の整備にも努めている。

「正直に言えば、『そうでもしなきゃやっていられない』という面もあるのでしょうが、すっかりはまってしまいましたね。いまは有志を集め、どうすれば地域をもっとよくできるのかを考える活動を始めています。地元は旧態依然としたルールに縛られてはいますが、今後も生き残るだけのポテンシャルも秘めている。このような活動を支える意識も自衛官時代に培ったものです」

また、「給与の安さから警備会社を退職した」と話す、空自の元3尉である才谷和樹氏（仮名・退官時55歳）も再再就職の壁を感じた1人だ。在職中、庶務業務や各種連絡調整など、後方支援業務にあたっていたことから、事務処理能力には自信があった。事務職を希望したものの、援護担当者からは「あなたの希望する職種はありません」とにべもなく告げられた。

意を決して転職サイトにも登録したが、ほとんどの企業で書類落ち。面接にこぎつけた数社もあえなく不合格だった。自分への自信をなくしたまま、援護から「あなたに紹介できるのはこの職種です」と提示された警備会社への就職を決めた。

警備会社では、工事車両の出入りを管理するような警備が主な仕事だった。夜勤はないが、屋外での仕事。夏にはとめどない汗が流れる。決して仕事に面白みは感じなかったが、自分が誘導を誤れば事故にもつながりかねない。気を引き締めて臨んでいた。

ところがある日、いつものように車を誘導し、仕事を終えたところ、会社からの呼び出しを受けた。「君の態度が悪いと工事会社から苦情を受けている」。心当たりはまったくなかった。それどころか、態度が悪いのは工事会社のほうだとも思っていた。挨拶をしない者もいる。休憩時間に見せる姿がだらけすぎている。だが、いまの自分はそれを指摘する立場にはない。だからこそ、言いたいことは飲み込んでいた。それなのに、いわれもない苦情を受けることになるとは。「警備員という仕事は、そこまで下に見られるのか」。このとき、才谷氏の気持ちが一気に「離職」に傾いた。

結婚して官舎を出てから、実家を二世帯住居に建て替え、両親と同居。パチンコや競馬もたしなんだが、それはあくまで常識の範囲内。いま離職しても、即座にお金に困ることはない。そこまで計算したうえで、離職に踏み切った。妻には退職当日に「やめた」とだけ伝えた。

「違う就職先を見つけてから辞めればよかったのでは」と問う筆者に対し、「一たび『違う』と思ったことをズルズルと続けていても自分の心身に悪いだけ。すぐに窮するわけでもないし、自衛隊時代は準備が足りていなかっただけで、きちんと準備をすれば今度こそ自分に合った職に就けるだろうと思った。しっかり準備をするためにも、仕事をして心身が疲れた状態にあるよりも、余裕があったほうがいいと考えました」と話す。

しかし、「準備して臨んだ」結果も、才谷氏が直面したのは不合格通知の山だった。在職中には利用しなかった転職エージェントにも、「事務職はすごく人気です。才谷さんのご経歴を別の形で生かしてみては」と、事務職からの転換を勧められ、だんだんと紹介される企業の数も減った。

転職活動から数か月が経ち、不安感が募った。妻も、あまり何も言ってはこないが、不安そうな表情を浮かべている。とりあえず……と思い、新聞に挟まっていた求人チラシから、清掃のアルバイトに応募。拍子抜けするほど簡単に採用が決まった。

同年代も多いが、丁寧な清掃と体力では自分に分がある。会社からの評価も高く、時給も上がった。評価されることにも、稼ぐことにも、家から出られることにも安堵を覚えた。

清掃の仕事は1日のうち数時間。そのため、別の清掃会社にも登録し、いまは朝と夕方に清掃のアルバイトを行っている。

「仕事が決まらず、何もしていないあの数か月は、本当につらかったんです。自衛隊にも、社会にも、妻の自分を見る目にも、何もかもにむしゃくしゃしていました。警備会社に勤めていたとき、給与については『安すぎる』と思っていました。いまは移動時間も合わせれば、給与は当時よりさらに減っています。自衛隊時代には、こんなことになるとはまったく思っていませんでした。もう転職活動をする気も起きません。年金をもらえるまでなんとか、この生活でしのいでいきます」

「定年延長」はいいことなのか

序章においても、定年年齢が2024年10月にも引き上げられることを述べたが、自衛隊の定年年齢はこれまでも少しずつ引き上げられてきた。2020年に1尉から1曹までの定年を54歳から55歳へと引き上げたことを皮切りに、21年1月、22年1月、23年10月、24年10月と、着実にその年齢は上がっている。これだけを聞いて、「自衛官として働ける年数が長くなるのは、心情的にも給与的にもいいことだ」と考えても何ら不思議な話ではない。

実際、元自衛官の中にも、「ＩＴ化が進んだいま、60代であっても問題なく働ける。定年年齢を延ばすべきだ」「若年定年は時代と逆行している」と話す人もいた。

ある元幹部は次のような提案を行う。

「55歳になったら、整備などの職域専門兵隊として少なくとも60歳まで雇用すればどうか。定期昇給をなくし、体力測定の基準も下げるが、当直はしてもらう。そうすれば人手不足の問題も解消され、若い力を一般兵として振り分けできる」

ただ取材の中では、「定年年齢を延ばすべきではない」という声のほうが大きかったことが印象的だった。もう少し詳しく述べると、「65歳まで自衛隊で働けるのであればそれでいい。でも精強性を保つことを考えると、組織としてそれは難しいだろう。そうだとするならば、1年ばかり延びたところで再就職の観点から考えるとかえってマイナス」なのだという。

というのも、まず再就職先からしてみれば、1年でも早く来てくれたほうがありがたいからだ。たとえば1佐では、2024年からは定年年齢が58歳となるが、「60歳で定年、その後は65歳まで再雇用」といった制度の企業においては、採用後わずか2年でいったん定年を迎えることになる。

また元自衛官の立場からも「55歳で定年退官してよかったと思うことは、60歳のときよりも自分自身にまだまだエネルギーがあったこと。再出発を切るにあたり、〝50代〟と〝60代〟はやはり違う」と話す人もいる。

組織のあるべき姿としては、「米軍のようなシステムを導入すべき」という人も複数いた。米軍では大尉までは定期昇任できる一方、少佐以上では厳しい選抜試験が待っている。昇任委員会にて2度審査に落ちた将校は、退職しなければならないというシステムを取っている。その結果、40代、50代の軍人の数は少なくなっていく。

軍を辞した者は、民間企業に入社したり、軍事関係の企業を立ち上げたりする。後者の企業では、軍隊からの依頼を受けてマニュアル作成などの仕事を請け負うこともある。

一方で日本では、防衛大卒の幹部ではまず2佐までは昇進できるうえ、自衛隊生活の中で退職を迫られることもない。安定的な職業生活という点では利点があるが、年功序列的な給与体系ゆえに、人件費が高騰することは否めない。この軍隊のシステムは他国からすれば一般的ではない。

取材の中でも、「欧米のような制度を採り入れることで、浮いた人件費を若い隊員の待遇改善に充てて若い隊員の採用を増やすとともに、再就職困難な高齢の退職者を減らすことが合理的ではないか」と話す声も根強かった。

ある元幹部は下記のような提案を行う。

「少子高齢化が進む中、隊員募集の行く先は、産業界・福祉・消防・警察・自治体などとの競争激化であり、『国を守る誇り』という価値観だけでは勝ち目はないでしょう。そこで中間世代（幹部・陸曹）の退官年齢を10年ばかり引き下げ、早めに産業界に送り込んで『第二の人生』を支援し、彼らを予備自衛官として縦深戦力に充てることを提案したいと思います。

たとえばイスラエルの場合、参謀総長（中将）ですら40歳代で就任し50歳前に退官し、予備役のまま政界・産業界に身を置きます（予備役は55歳まで）。若年で予備役になる将兵は、年間30日の招集訓練に参加し、戦友会・部隊会との団結関係を維持しています。数が減り続ける若者たちと退官後の隊員に国防への参画を促すには、自衛隊が魅力的であらねばなりません。イスラエル軍は、ＩＴ分野を中心に先端技術の研究開発機能を持ち、それに関する人材養成にも注力しています。そのため退役者には、軍で学んだ技術と経験をベースにして起業する例が非常に多いとか。軍人として実績を積んだ人材は、企業～国防軍～政府のネットワークに貢献し、ハイテク産業のバックボーンになっています」

また、「30、40代で社会に出る自衛官の数が増えたほうが、より民間と自衛隊の垣根が低くなるはずだ」といった意見もあった。確かに、定年退官後に民間企業に出た場合、なかなかその企業で〝主力〟とみなされるケースは少ないだろう。いまの自衛隊には、太平洋戦争後に44歳で伊藤忠商事に入社し、後に「昭和の参謀」とまで呼ばれた瀬島龍三のような人物はまず誕生しないだろう。

もっとも自衛隊でも、２００７年に公表された「防衛力の人的側面についての抜本的改革」において、すでに「自衛隊のような実力組織においては組織をより精強な状態に維持することが必要であることや、近年、国際平和協力活動などで実際に活動する機会が増加していることを踏まえれば、現状の年齢構成は望ましくない」と指摘。併せて「若年定年で退職するよりも40代のほうが有効求人倍率は高いことや、再就職するのであれば50代よりも若い年代のほうが新たな職場への適応力が高いと考えられることも考慮すべきである」と述べている。

このような問題意識から、同報告書では「在職期間の制限」と「早期退職優遇」の2つの制度を提言。しかしその提言は公表から15年以上経ったいまもなんら具体的に進展することなく、「定年延長」だけを繰り返している。

厳しさを増す定年自衛官の再就職

さて、近年とみに自衛官の再就職をめぐる状況が厳しくなっているという現実は、自衛官の再就職を支援する試みや発信が近ごろ相次いで誕生していることからもうかがえる。

先ほど紹介した、「退職自衛官の再就職を応援する会」もその一つ。同会は宗像久男氏を筆頭に、元北部方面総監の酒井健氏や元陸上自衛隊西部方面総監の宮下寿広氏など、そうそうたるメンバーが世話人を務める。

同会はもともと、60歳を過ぎて再就職先を退職し、再再就職に苦労している元自衛官の一助となるべく、２０２１年に立ち上げた。しかし活動を進めるうち、任期満了や定年退官したばかりの自衛官にもさまざまな事情があることに気づき、活動の幅を広げたという。

「応援する会」では、自衛官に対する啓蒙活動や情報提供のほか、職業紹介や職業訓練の紹介なども行っている。職業紹介に関しては、世話人個人のコネクションを生かし、パソナなど自衛隊に関連の深い企業にも協力を仰ぎつつ実施。元将官を含む多数の元自衛官からの相談が寄せられているといい、企業とのマッチングの実績も着実に積み重ねている。

「本来これらの活動はすべて自衛隊がすべきことのはずです。ただ現状は残念ながら手が回っていない状況にある。だから自衛官ＯＢの責務として、いま私たちが活動しているのです。この人生100年時代、自衛官の定年は『ゴール地点』ではなく『折り返し地点』です。それも、これまでの道のりは自衛隊が綺麗に整備してくれていましたが、定年後の人生は自分で道を切り開いていかなくてはいけないのです」と、宗像氏は言う。

ほかにも、2021年に陸上自衛隊を退職した元3佐の竹内薫氏は、「自衛官専門キャリアコンサルタント」としてYouTubeで自衛官の再就職に関する情報を発信したり、マンツーマンでのキャリアコンサルティングサービスを提供したりしている。

竹内氏は退官直前、北方面総監部にて自衛官に対し退職前教育を行う立場に就いていた。そこで感じたのが、「自衛隊の援護の構造上の問題」と「自衛官の意識の低さ」だ。

「退職前教育を行う側も、単にその業務を行うよう指示を受けただけ。多くの教育場面において、教える側の知識が圧倒的に不足しています。加えて自衛官側も、たとえば『運転手は運転だけしてればいいんでしょ』といった考えの人たちが少なくありません。何か一つのことだけをやっていればそれで許される仕事なんて、この世にはほとんど存在しません。運転手だとしても、運転以外に荷物の積載や書類の作成、人とのコミュニケーションなど、多岐にわたる業務があるはずです。仕事理解が極めて浅いのです」

そのような状況に危機感を覚えていた竹内氏は、自身の退職に際し、自らを〝実験台〟としてさまざまな模索を行った。まずは複数の転職サイトに登録。するとすぐに、プラントエンジニアリングの企業から「年収800万円」でオファーが届いた。自衛隊の援護の水準で言えば、「3佐で800万円」はまずあり得ない好待遇だ。経歴などの記載も、転職サイトのフォーマットに沿っただけで、とくに特別な対策はしていない。「探し方の違いでここまで差が出るのか」とショックを受けた。

業務内容は、海外事業所における情報収集がメイン。「PKOへの参加経験などが評価されたのだろうと思いますが、自分よりもこの仕事にふさわしい自衛官はたくさんいます。自衛官としてもその事実を知らずに、『自分には損保しかない』と自ら選択肢を狭めていってしまっていることは非常にもったいなく思います」と竹内氏は話す。

その後竹内氏は、100社以上もの企業に応募。うち9割ほどは書類すら通らなかったものの、「その過程も面白かった」と振り返る。自衛隊の援護ではとても紹介してもらえないような企業に、自分の意思で応募できる。求人には求める人材の年齢を記載することが禁じられているため、「基本的には書類落ちするもの。面接までいけばラッキー」との姿勢で就職活動を続けた。面接では、まるで手ごたえを感じないこともあれば、自衛隊で培ったスキルを高く評価してくれる企業もあった。そのうちに竹内氏自身、だんだんと〝採用の勘所〟に気づいていく。

「たとえば、『部隊で小隊長をしていました！』と言ったところで、民間はその事実をどう評価していいかわかりません。ですが、『演習の直前に家の都合で参加できなくなった隊員がいました。そのような場合にも、こう工夫することで円滑に演習を実施できました。その後、参加できなかった隊員にはこのように指導しました』と言えば企業にも響くのです」

最終的に竹内氏は、世界最大の通販サイトの関連会社への再就職を勝ち取った。現役の自衛官に対しては、「最終的に援護を使うと決めている人でも、一度転職サイトに登録してみることを勧めています。そうすれば、いま社会でどのような仕事のニーズがあり、自分は何ができるのか、自分にはどれくらいの価値があるのかが客観的にわかるはずです。『援護がすべて』ではないのです」と話す。

自衛官のセカンドキャリアのあるべき姿とは

一方でもちろん、援護側としても言い分はある。多くの援護担当者は、日々自衛官の将来を思い、真剣に援護先を探している。援護の担当者はこのようにも話す。

「援護としては、その企業が自衛官の第二の人生を歩むにふさわしい企業なのかをしっかりと確認するよう努めています。ただ現実として、近年はインターネットで見つけた給料の高い会社に飛び込んでいってしまうケースが増えています。その中には、名の知れた企業、給与の高い企業も確かにあります。

しかし自衛官は転職活動に不慣れなので、『なぜその給料がもらえるのか』を深く考えずに、『自衛隊時代と同じように真面目に取り組んでいたら何とかなるはずだ』と応募してしまうケースも多いのです。給料が高い求人には、高いだけの理由があります。それは本当にあなたにできる仕事なのでしょうかと、私は問いたいのです。援護は本人とのマッチングを重視しています。どれだけいい再就職先だったとしても、本人の能力とギャップがあるのであれば、それは不幸な結果しか生み出しませんよね。

また、援護としてはなるべく正社員での雇用を企業にお願いしていますが、給与が高い企業の中には契約社員のケースも多いんです。正社員になかなか這い上がれず、働きぶりが悪いと契約を打ち切られる。『よくＣＭが流れている企業だから間違いない』と応募して派遣社員となり、安い仕事しか回してもらえなかったという例も聞いています。

援護が扱う企業は、勤務環境としては恵まれている場合が多いと自負しています。自己開拓を止めるわけではありませんが、その結果『こんなはずじゃなかった』と思ってしまう元自衛官を出さないためにも、積極的に援護を利用してほしいと思っています」

宗像氏や竹内氏は、自身も長きにわたる自衛官経験を積んだうえで自衛官の再就職にまつわる危機感を抱き、活動しているが、中には同様の意識を若手のうちに抱いている人もいる。

たとえば「自衛隊専門キャリアコーチ」としてコミュニティの運営や情報発信を行っている古川勇気氏は、２０１６年に防衛大を卒業した人物だ。防衛大卒業後、進路を民間に定めた古川氏は、「在学中はあまりにも外の世界を知る機会が少なく、多くの失敗をした」と振り返る。

リクルートマネジメントソリューションズ（現リクルート）に就職を果たした後も自衛隊の再就職にかかわる問題意識を持ち続けていた古川氏は、「同じ思いを抱いている自衛官のために」と、自衛官のセカンドキャリアを応援するための事業を開始。2019年には「一般社団法人自衛隊支援協会」を立ち上げた。

古川氏は、「自衛官も一人ひとりが自分の人生について主体的に考え、責任を持ち、人生形成に取り組むべきで、在職中から、退職後の人生やキャリア設計を考え、そのために必要な準備を行うことが重要です。新しいスキルが必要な場合は、休日に身銭を切って習得するようにしましょう。新たな出会いや体験から自分がしたいことが見えてくることもあります。退官後もイキイキと人生を謳歌することができれば、それが現職自衛官にも波及し、仕事をまっとうする糧となると考えています」と話す。

このほかにも、元自衛官のキャリア支援を行う企業や、「自衛官のセカンドキャリアを創造すること」を社是として元自衛官を雇用する物流会社なども現れ始めた。ただし多くの元自衛官が「自衛官のために」と活動する姿は美しくもあるが、そうせざるを得ない状況までを決して美談にしてはならないだろう。

第五章

自衛官経験を新天地で生かす

僧侶となり地雷処理の活動へ

五章では、望んだとて自衛官の誰しもが歩める道ではないものの、自衛官経験を存分に生かして人生を切り開いている人たちを紹介しよう。

まず紹介したいのは、日本を飛び出して世界の人々の命を救った人物だ。その名は土井義尚氏。１９４２年、山梨県甲府市の曹洞宗寺院の次男として生を受けた土井氏は、防衛大学校を卒業し、陸上自衛隊に進む。武器科幹部として活躍し、防衛駐在官や武器学校長を経て陸将の地位に昇りつめ、補給統制本部長を最後に１９９９年、57歳で退官を迎えた。

第一章でも述べた通り、「将」の位まで昇りつめた自衛官には、定年が近くなると「定年後は顧問としてうちに来ませんか」といった話が舞い込む。

しかし、退職辞令が交付されたその翌日、土井氏が立っていたのは曹洞宗の大本山・永平寺だった。自衛隊のトップが選んだのは、高待遇の再就職先ではなく修行の道だったのである。同寺の修行は非常に厳しいことで知られており、修行に挑むのは若者が中心だ。永平寺での修行の意思を実の兄弟に告げたときは、「もし途中で挫折してしまえば将官の沽券にかかわる」との思いから猛反対を受けた。再就職すれば1000万円をくだらない年収も、永平寺では1日300円が支給されるのみ。それでも土井氏が迷うことはなかった。

「現役時代、私は『趣味は自衛官です』と答えるほど、自衛官生活を楽しんでいました。しかし残念ながら、その趣味には『定年』という期限がありました。人生にやり直しが許されることはほとんどありませんが、定年が早かったからこそ、自分にはやり直しが許された。これは幸運なことでした。

人生の再スタートを切るにあたっては、子どものころに憧れた永平寺での修行以外の選択肢は考えられませんでした。また自衛隊では陸将になれましたが、外の社会ではどれほど通用するのか試してみたいとの思いもあったのです」

永平寺の朝は早く、午前2時半ごろには一日が始まった。朝ご飯は午前8時半ごろになってからだが、出されるのはおかゆ一杯に漬物、ごま塩のみ。おまけに昼食や夕食も十分な量とは言えなかった。一方で、曹洞宗の教えの根幹でもある座禅修行に加え雑巾がけや草むしりなど、やらなければならないことは山のようにあった。「腹の皮が背中につくという表現の意味を知った」と振り返る土井氏の体重は、修行開始時の65キロから、わずか10日あまりで6キロも落ちた。

睡眠不足や空腹、厳しい指導や警策（修行者の肩や背中を打つ棒）に耐え兼ね、脱落していく若い僧もいた。しかし、そこはさすが将官。年齢に関係なく強い叱責も警策も受けたが、腹の中で「なるほど、こういう指導をしているのか」と冷静に見つめ、顔だけは神妙な面持ちにしてみせた。「自衛官の経験があるから楽勝だった」と笑って話す土井氏だが、若い修行僧にとっては、父親以上の年齢の土井氏がつらい修行に耐えているその姿が励みにもなった。

そうして約1年間の修行を終えた土井氏は2000年6月、改めて小松製作所（現・コマツ）に再就職した。コマツではそこまで仕事に追われるわけでもなく、現役時代に書き殴ったメモや自分の思考を整理する時間に多くを割いた。

しかし、そんな穏やかな日々は長くは続かなかった。国際協力機構（JICA）の職員として勤務している元同僚がコマツ本社にやってくると、突然こう切り出したのだ。

「土井連隊長！　カンボジアで地雷処理のNGOを創設してください！」

話だけは聞いてみたものの、とても引き受ける気にはなれなかった。「私には無縁な世界だ」とも思ったものの、元同僚の剣幕に負け、「それで彼の気が済むなら」と、とりあえず一度現地を見に行くことを決めた。

カンボジアに赴き現地の活動を見ても、地雷処理は難しいように思われた。地雷処理活動を行うためには、どう計算しても100人単位の人員と年に5000万から1億円単位の経費が必要となる。一方で、現地を目にした土井氏の頭の中に、どんどんある思いがもたげてきた。

「不発弾処理であれば、できるかもしれない」

対人地雷による死者・負傷者は、世界的にセンセーショナルに報道されることが多い。その大きな理由として、地雷の場合には踏んだとしても、手足の一部を吹き飛ばされながらも生き残る場合も多く、被害者をテレビなどで映すことで大きなインパクトを与えられることが挙げられる。

他方、不発弾では爆発に巻き込まれた場合にほとんどが死亡してしまうことから、不発弾による死亡者もかなりの数にのぼる割に、それほど報道されてこなかった現実がある。不発弾処理であれば、年に500万円もあればできる。もちろんすべての陸上自衛官が不発弾を処理できるわけではないが、武器学校長まで務めた自分ならできる。それどころか、数少ない〝適任者〟であろうことも自覚した。

そのような状況に、土井氏は「目の前にある使命から逃げれば、将来後悔が棘となって自分をさいなみ続けるだろう」と確信。視察を終え、ホテルに戻ると一晩で不発弾処理に向けた計画を練り上げ、翌日にはカンボジア地雷処理センターの副長官に構想を伝えた。

帰国してからの土井氏は、仲間集めに奔走した。

「元自衛官に声をかけ、設立の手続きに必要な10人は簡単に集まりました。ただ、最も重要なのは現地へ派遣する不発弾処理の専門家です。資金はありませんから、払えるのは月額12万円が限界。この中に危険手当も食事代も保険代も含みます。しかも住居も現地の隊員と同居してもらうという条件です。こんな処遇でお願いする自分は常識外れだとわかっていましたが、『お役に立てるのであればやりますよ』と快く引き受けてくれる元自衛官がいたのです」

過酷な条件なのに、なぜこうも簡単に引き受けてくれるのか。当初は呆然とすらしたが、「彼らは、たとえ制服は脱いだとしても、心は自衛官のままなのだ」と実感するに至った。自衛官は自衛官になる際、「事に臨んでは危険を顧みず、身をもって職務の完遂に務め、国民の負託に応えることを誓います」との宣誓を行う。自衛官をやめてもなお、「事に臨んでは危険を顧みない」男たちに、土井氏は頼もしさを覚えた。

アフガニスタンで地雷処理と復興支援を

こうして2002年7月、「日本地雷処理を支援する会（Japan Mine Action Service：JMAS）」が活動を開始した。最初の不発弾処理は土井氏の自己資金を用い、カンボジア・ブレイベーン州で始まった。当面の間は資金の持ち出しを覚悟していたところ、海外で活躍するNGOに外務省が資金を援助する「日本NGO連携無償資金協力」の承認を早々に受けることもでき、資金の目途が早期に立ったことも幸いだった。

早期の承認の裏側には、外務省の担当課長の強い後押しがあったことを、後になってから知った。実は、外務省の担当者はＪＭＡＳを「自衛隊ＯＢによる信頼できない組織」とみなし、担当課長が抱く信頼感についても危惧の念を隠さなかった。「このような組織に資金贈与を行えば課長の経歴にも傷がつく」とまで反対したところを、担当課長が抑えてくれたのだ。ＪＭＡＳの活動は多くの人に支えられてやってきたが、このエピソードもそのほんの一部である。

その後４年かけ、不発弾処理の活動は４州まで広がった。活動が認知され、応援してくれる人や資金が増加してきたことで、当初断念せざるを得なかった地雷処理の活動にも踏み出すことができた。

活動先も、カンボジアからアフガニスタン、ラオス、アンゴラなどへと広がっていった。アフガニスタンでは、地雷処理のほか復興支援の役割まで任された。２００２年当時のアフガニスタンは、前年に起きたアメリカ同時多発テロ事件を発端とするアフガニスタン紛争の結果、ターリバーン政権が崩壊し、復興が図られている途上であった。

各国が参加する「アフガニスタン復興支援国際会議」の中で、日本は武装解除や兵士の社会復帰を担当することが決定。当初政府は防衛庁にその任務を打診したものの、「自衛隊員の派遣は困難である」と断られ、ＪＭＡＳに白羽の矢が立ったというわけだ。ＪＭＡＳが活動を始めてからまだわずか2年ほどではあったが、「このような活動ができるのは自衛官ＯＢで組織するＪＭＡＳ以外にない」との思いから、土井氏は快く引き受けた。

同地に赴いた土井氏は、戦後の悲惨さと貧困が満ちた光景を目の当たりにし、「ＪＭＡＳの活動は微力かもしれないが、この国の平和と安寧、復興に尽くすことで、必ずその波及効果は訪れるはずだ」と信じた。

ＪＭＡＳの隊員たちは、医療も衛生も劣悪な環境の中で、大きな成果を上げることができた。２００５年に開かれた記念式典では、カルザイ大統領から「今日を迎えることができたのは、ひとえに日本の大きな協力があったからだ」との評価も受けた。

活動する中では、悲しい事故も起こった。２００７年、地雷処理の現場で地元隊員7人の尊い命が失われてしまったのだ。ＪＭＡＳが定めた作業規律では、「事故が発生しても2名以上負傷しない距離を保つこと」としていたが、それが守られなかったことが被害を大きくした。発見した地雷が対戦車地雷の上に対人地雷が重ねられている珍しいタイプの地雷だったため、その地雷見たさに隊員が集まってしまったのだ。

「7人もの隊員が亡くなったことは本当に痛切の極みでした。ただ地雷処理活動を実施しているNGOで事故がゼロの組織は存在しません。この活動には危険が伴う。だからこそ元自衛官が行っているのです。当初からマスコミにもそう伝えていたことで、そこまで大きな批判はありませんでした」

同年、土井氏は理事長の座を退任する。「法人組織は社会の財産であり、個人の所有物ではない。規範を示さなければ、社会からの支援は得られない。『後任者がいない』というのは、『後任者を探さない、育てない』ためだ。職務年数には制限をかけるべきだ」との考えから、自ら申し出たためだ。理事長を退任した土井氏は、〝ヒラの理事〟となり、翌年にはアンゴラの現地代表として赴任する。

なおこのとき、籍はまだコマツにも置かれており、アンゴラに赴くにあたっては同社のボランティア休暇制度を利用した。コマツを退職したのは2010年の68歳の誕生日。併せてJMASの理事も退任した。その日はいつものように、アンゴラの地で雑務に追われていた。

日中には気温45度にも達するアンゴラ。人々の考え方も習慣も、日本とは大きく違う。そんな環境で、土井氏は戦いを挑む気持ちで現地の人々と接し、日本の技術や文化が現地に根付くよう心がけた。「単に支援するだけでは意味がない。現地の人たちが、自分の手で地雷除去までできるようにならなければ、結局元に戻ってしまうからだ」と話す。

処理した地雷・不発弾頭は実に42万発！

仕事に不真面目な隊員に対しても、根気強く接した。現地の隊員はとにかく時間を守らない。そこで、「約束した時間は守れ」と言い続け、遅刻した時間分は減額することとし、サブシディー（技術習得奨励金）を現金で手渡すことにこだわった。自衛隊式の「号令・駆け足・掛け声」を取り入れた朝礼も実施した。

現地では地雷除去だけでなく、地域の環境整備にも注力。1年が経ったころには、休日に清掃活動を始めた。子どもたちに「ゴミ袋を1杯を持ってくればお小遣い50クワンザ（日本円で約10円）をあげる」と伝えたところ、2年後には約100人の子どもが参加するようになった。

その子どもたちとは、週末になればサッカーを楽しんだり、一年草である松葉ボタンをプレゼントしたりした。気がつけば、多くの現地住民が、土井氏らが日本から持参した松葉ボタンで家を飾るようになった。4年間の滞在で、「少しずつ、日本の心が伝わっていった手ごたえを感じた」と振り返る。

帰国した土井氏は、ほどなくJMASから離れた。以後いまに至るまで、意識して一線を引くようにしている。「JMASの置かれている状況は年々変化している。自分がいつまでも干渉するのは業務妨害でしかない」と考えるためだ。

なお、JMASは設立から20余年が経過したいまも各国での地雷処理活動を進めており、これまでに除去した地雷や不発弾は計42万発を超えている。活動が実を結び、支援国での地雷や不発弾の犠牲者も減少している。

JMASから身を引き、自由の身となった土井氏が選んだのは、故郷・甲府市にある無人寺の住職の道だった。お寺があるのは、標高880メートルに位置し、独居老人3

人しか住んでいない限界集落。気温は甲府市内より5～7度も低い。

住職の職務の傍ら、1000平方メートルにも及ぶ畑を耕し、農業にもいそしむ。寺といっても立派な本堂もなく、平らな場所がないような土地で、買い物にも車で片道30分を要する生活だが、「いまの生活は余生ではなく本生。『小欲知足』を旨とし、喜びと驚きと満足と達成感に満ちたこの暮らしを、あと数年は送りたい」と話す。

土井氏の住む集落は、あと数十年もすれば「誰も住まず、訪れない地」になる可能性も高いが、そんな土地でまだまだやりたいことはある。

その一つが駆け込み寺「一福（服）寺」の創設だ。

「もともと女性救済のために始まった『駆け込み寺』ですが、いまはそんな役割を担う寺は見当たりません。それは一人の和尚として、いささか情けない気持ちにもなります。幸い、私のいる集落には古い空き家が散在しています。24時間いつでも、誰でも、どんな事情があっても迎え入れ、〝一服〟することができるような場所をつくりたいのです」

女性自衛官のパイオニア、高校の校長になる

すでにお気づきかもしれないが、ここまで紹介してきたのは男性ばかりだ。圧倒的な男性社会である自衛隊で、さらに「すでに定年退官済み」となれば、いまの自衛隊より圧倒的に男性の割合が高くなる。

そんな中でようやく紹介したいのが、女性自衛官のパイオニアの一人である竹本三保氏だ。1956年に京都府で生まれた竹本氏は、中学生のころにはすでに国防への強い興味関心を抱いていた生粋の「国防少女」だった。「海に囲まれた日本では、海上防衛が重要だ」と海上自衛隊への入隊を希望したが、当時女性の入隊を認めていたのは陸上自衛隊のみ。機をうかがっていたところ、奈良女子大在学中に海上・航空自衛隊への門戸が開いたことで、同大を卒業した1979年、念願の海上自衛隊へ飛び込んだ。

幹部候補生学校での同期の女性はわずか3人しかいなかった。しかも、自衛隊内で女性に対する偏見や差別がまだまだ強かった時代。戦時中には、「女は乗せない戦闘機」と歌う軍歌があったが、1980年代の自衛隊もまだ「女は乗せない戦艦（いくさぶ

ね）」。艦艇に女性が乗ることは許されず、竹本氏も何度も「女は家で掃除、洗濯をしてろ」「女は子育てのほうが大事、やめろよ」「俺の目の黒いうちは子どもを産ませない」といった言葉の数々を浴びてきた。

それでも、竹本氏は自衛隊を辞めようと思ったことはなかった。「性差を意識して働いたことは一度もない」とも言い切る。淡々と職務にまい進するうちに、徐々に竹本氏自身を評価してくれる人も増えてきた。振り返ってみれば、楽しい自衛隊生活だった。

生き残りをかけた戦いに挑むうちに、後輩が歩む道を切り開くことが自分のミッションなのだと自覚した竹本氏。そんな竹本氏は２０１１年、確かに後進たちのための道を切り開き、定年まで3か月を残し55歳・1佐で退官を迎えた。そして次の進路として竹本氏が選んだのは、「大阪府立高校の校長」という選択肢だった。

もともとは自宅のある関西での再就職を希望していたものの、なかなか望むような求人はない。そんなときに知ったのが、大阪府の「民間人校長募集」の求人だった。

応募したところで、まず無理だろう。竹本氏はそう思っていた。援護に携わる者もそう思っていた。とりわけ教育現場では、「自衛官」に対する不信感をいまだに持っている人も決して少なくない。どうせ書類審査で落ちるはず、とは思ったが、「落ちたところで何も変わらない。ならば挑戦するだけしてみよう」と決めた。

結果、数十倍の倍率の中で、見事合格を勝ち取った。「私も周りもみんなびっくりしました」と笑いながら振り返る。

そして2012年、大阪府立狭山高校の校長として着任を果たす。その瞬間から、「自衛隊のやり方」も、「元1佐」のプライドもすべて捨てた。

「自衛隊とはまったく違う世界で『自衛隊ではこうやっていたから』と偉そうに言っても、誰もついてくるわけがないんですよね。そもそも自衛隊の任務はやはり特殊ですから、そのまま公教育に適用することも無理があります。元自衛官としての誇りは自分の中に秘めつつ、仕事のうえでは『ゼロからの出発だ』と覚悟していました」

判断基準は「生徒のためになるかどうか」

竹本氏は、自身の判断基準を「生徒のためになるかどうか」に置いた。そう決めれば、自分のすべきことはおのずと見えてきた。

学校運営のうえで注力したのは、狭山高校ならではの魅力を引き出すことだった。差別化を図るために、これまでの校長が力を入れてきた「地域との連携」「国際交流」をさらに発展させる形で、国際感覚を備えた地域の若きリーダー育成を目標とする「さやまグローカル」を打ち出した。ネイティブの英語教員と英語だけで会話する「イングリッシュ・ランチ」の発案や海外の高校との姉妹校提携、地域の祭りへの多岐にわたる参加など、新しい試みを次々と実施していった。その心の中には、「バリバリの進学校でなくても、素晴らしい生徒は育つ」との信念があった。

授業の改革も進めた。教員が黒板に書いたことをひたすらノートに写す詰め込み教育からの脱却を目指し、オリジナルの授業観察評価シートを作成。竹本氏自身が100点満点で評価し、後日教員にフィードバックした。その結果、年を重ねるごとに工夫を凝らした授業が見られるようになっていき、生徒の授業満足度も向上した。

文化祭では生徒の求めに応じて生徒とともにダンスを披露するなど、常に生徒の近くに居続けることを心がけた。朝は下足室に立ち、登校してくる生徒への声かけを続けた。

できるだけ名前を覚え、気になる行動を取った生徒については、その生徒の担任とも情報を共有した。

その温かな目線は、教員に対しても向けられた。ICT(情報通信技術)の活用が進む現場も増える中、とにかく顔を合わせて話を聴く機会を大事にした。教員一人につき、面談は年間5回以上。話は教員本人だけではなく、家族の状況にまで及んだ。中には「なんでそんなことまで」と反発する教員もいたが、それでも竹本氏は話を聴き続けた。

「たとえばある教員に異動の打診が来たとき、話を聴いているからこそ『いや、あの先生は今年は出せません』とすぐに断ることもできます。深く聴くからこそ、わかることも、できることもあるのです」

反発していた教員たちも、自分たちの思いや状況が人事に反映されていることに気付くと、その反発は理解と信頼に変わった。

教員の中には、卒業式での国歌斉唱の際、「自分の信念に合わない」として起立を拒む教員もいた。しかし大阪府では、国歌斉唱時に職員の起立斉唱を義務付けた「国旗国歌条例」が制定されている。竹本氏は7度にわたる面談でその教員との真っ向勝負を行い、結果としてその教員は無事に起立した。できるだけ相手の話を聴き、その考え方に敬意を払いつつ、譲れない一線は譲らない。そんな姿勢を貫いてきた。教職員が一丸となり、狭山高校をより魅力的な高校にするために尽力する環境をつくりあげたことで、任期5年間の最後の年には、狭山高校の教職員からなる〝チームさやま〟が大阪府の「優秀教職員等表彰」に選出された。

校長勤務を終えた後、竹本氏は奈良県教育委員会事務局参与として3年間にわたり地域の教育に携わった。そして2020年には自衛隊、学校、県で培った知識や思いを社会に還元すべく、「竹本教育研究所」を立ち上げた。最終的な目標は、子どもたちが自然の中で成長できる遊び場をつくること。さらに、これまでは「雇われて仕事をする立場」だったのが、「主体的に創造する立場」へと転換することで、さらなる学びを得て、若い人たちに伝えていきたいとの思いもあった。

そしてその思いの一部はいま、竹本氏の母校である奈良女子大学でも発揮されている。2022年4月に開設された、日本の女子大史上はじめてとなる工学部の1期生らに対し、キャリアに関する授業を展開しているのだ。

給与が目的ではない。母校の後輩、しかも新設された工学部の1期生を育てるというミッションに、ただしびれた。多様化が進むこの時代、若き後輩が持つ価値観もバラバラだ。それでも、この不確実性の高い世の中ではばたくことができるための武器を、誠心誠意伝えていくことが、いまの自分の務め。準備時間などを考えると、非常勤講師としてもらっている給与ではとても割に合ったものではないが、それでも「この仕事はまさに天職」と話す。

筆者自身も経験があるが、現代でもバリバリ働く女性には「すごいね、私なんてとても無理」「あなただからできるんだよ」などの言葉が、同じ女性から無遠慮に発せられることがある。ましてや女性自衛官の草分け的存在たる竹本氏であればなおさらだ。

しかし、そんな言葉を竹本氏は否定する。

「『私だから』できたのではありません。自衛隊生活は振り返ってみれば確かに『楽しく、充実した日々だった』と胸を張って言えます。けれど、決して順風満帆な人生ではありませんでした。子育てでは、『愛してくれる人のところにさえいれば、子どもは必ず育つ』と割り切って娘を生後2か月から3歳半まで、夫の実家に預けました。仕事に打ち込むためには、家庭を維持することに、かなりの困難さを伴ったのです」

それでも「やる気と目標さえあれば、困難な道でも歩んでいける。必要なのは能力ではなく、一歩を踏み出す勇気を持てるかどうか」と力を込める。竹本氏はまだまだ、その歩みを止めない。２０２４年度からは、大谷翔平選手も実践したという「原田メソッド」を教える寺子屋塾「ＧＲＩＴ」を始めるつもりだ。人はたとえ何歳になっても学ぶことができるし、誰かに影響を与えることもできるのだ。

靖國神社で「兵の足跡」を伝える

ペリー来航以後、国家のために亡くなった英霊を祀る靖國神社。そこで働くのが屋代宣昭氏だ。かねてより戦争の歴史を記した「戦史」に強い関心を持ち、進路を防衛大学校に定めた屋代氏は、年を重ねてもその興味を失うことはなかった。

陸上自衛官としての職種は高射特科だったが、自衛官時代にも「戦史の研究者」として知られており、定年後もその知識を生かして自衛隊の中で戦史専門教官の職に就くことが予定されていた。現職時代の知識などが評価され、再任用されるケースは決して珍しいものではなかった。

しかし、あと少しで定年というところで、任用方針が変更となった。２０１２年春、屋代氏が就くはずだった戦史職種では「１佐の再任用をしない」との方針が示されたのだ。同年に定年を迎える屋代氏にも、「再任用の話はなくなりました」との非情な知らせが伝えられた。寝耳に水の出来事だった。

突然はしごを外された形となったが、屋代氏は「昔からこういうことは何度もあったので、ショックよりは『またか』という思いが強かったですね。組織の判断ですから、仕方のないことです」と振り返る。

白紙の状態から、改めて再就職先を探すことになった屋代氏。第一希望は研究職だったが、そのようなポストは巷には極めて少なかった。結局決まったのは、損害保険会社だった。第三章の志村氏同様、やはり自動車での対人事故発生に伴う渉外業務を担うことになった。

もし定年が１年早ければ、屋代氏の歩む道は変わっていたのかもしれない。ただほとんど決まっていた人事が覆され、第一希望の職種に就けなかったものの、「この決定にも不満はなかった」という。そして56歳で定年を迎えた。

しかし、現実は想像以上にしんどい日々だった。

「年下の上司に指導され、事故の被害者や保険の契約者に対して平身低頭の日々。命令を基本とする自衛官の経験が邪魔をします。お金が絡む話ですから、どうしても感情的になってしまう場合もあります。若くして重い障害を背負うことになった人に対し、『こんな金額しか払えないなんて……』と思うこともありました」

最初の1年は、「はたして損保会社の定年まで続けられるのか」との危惧や不安もあった。そんな屋代氏を支えたのは、「自衛官としての意地」だった。

「ここで挫折して、『元幹部自衛官のくせに、あいつは駄目だ』という烙印を押されたくはありませんでした」

ときには先輩や同期らと話をすることで気持ちを奮い立たせ、自分の後に入ってきた自衛官の後輩にも刺激を受けながら、7年間の任期をまっとうした。慰留もされたが、「やるべきことはやった」と固辞し、63歳で職場を去ることを決めた。

次の職場を探していた屋代氏のもとに飛び込んできたのは、予想もしていなかった誘いだった。それが、靖國神社の中に置かれた「靖國偕行文庫」での勤務だ。

そもそも靖國神社は、ペリー来航以来の国内外の事変・戦争において国のために殉じた軍人・軍属を慰霊するため1869年6月に建てられた東京招魂社を起源とするもので、1879年に現在の「靖國神社」に改められた。「靖國」の名は、中国の史書『春秋左氏伝』の「吾以靖國也（吾以って國を靖んずるなり）」を典拠として明治天皇が命名したもので、「祖国を平安にする」「平和な国家を建設する」という願いが込められている。靖國神社では現在、英霊246万6000余柱を祀っている。

靖國神社をめぐっては、さまざまな政治的問題をはらみ、毎年8月15日には首相の参拝の有無や玉串料を納めたかどうかなどが報じられる。とはいえ、やはり多くの自衛官にとって靖國神社が特別な存在であることは疑いようがない。

「父の最期を知りたい」とやってくる人々

靖國神社に置かれた施設として、よく知られているのは史資料を展示した遊就館であろう。同館は10万点にも及ぶ収蔵品の一部を展示しており、零戦や特攻隊員の遺書などを見ることができる。

遊就館に比べ、あまり一般的には知られていないかもしれないが、靖國神社には図書館の役割を果たす「靖國偕行文庫」がある。靖國神社の創立１３０年にあたる１９９９年10月、偕行社の蔵書が奉納されたことから開館。神道に関連する蔵書のほか、英霊の追悼録や戦史・戦記などの軍事関係資料約13万点が所蔵されている。

靖國神社の目的は、「国家のために一命を捧げられた方々の霊を慰め、その事績を後世に伝えること」にある。その目的に照らしても、同文庫の果たす役割は大きい。

開館時間は毎週水、金、土の午前９時～午後４時半。原則は閲覧および複写のみの利用となっているが、靖國神社の崇敬奉賛会および偕行社の会員に限り、貸し出しが可能となる図書もある。一般の全国の図書館では、貸出業務のほかに、情報や資料を求める利用者を支援する「レファレンスサービス」を実施している。靖國偕行文庫でもやはり同じようにレファレンスサービスを提供しており、ついては必然的に、同文庫の職員には豊富な戦史の知識が求められることになる。

再就職ではタイミングの悪さが目立った屋代氏だったが、今回は前任者の退任時期と、屋代氏の損保会社の退職時期が運よく重なったことから前任者から直々に声がかかり、とんとん拍子に再再就職が進んでいった。

同文庫を訪れる人数は、決して多いわけではない。どのような人が訪れるのかといえば、軍事の研究者やテレビ・新聞などのメディア関係者、そして亡くなった軍人・軍属の子孫たちだ。

遺族から求められるレファレンスサービスとは、「父（祖父）の最期を知りたい」「父（祖父）が参加した部隊の状況を知りたい」といったものだ。サラリーマンとしての人生や子育てがひと段落し、「ようやく、生前の父のことについて考えるようになった」と話す60～80代の子世代や、「軍人だったおじいちゃんのことを知りたいけれど、どうやって調べればいいのかわからない」とやってくる孫世代など、全国各地から依頼が寄せられる。

中には、「生きている間、父はまったく戦争の話をしてくれなくて」と言ってやってくる人もいるというが、屋代氏は「それは仕方のないことです」と理解を示す。

「戦争から生きて帰ってこられた方でも、戦争の経験を口にする人はほとんどいません。１００人いれば、一人か二人話すかどうかでしょう。『当時のことは過酷すぎて話せない』というのは、ある種仕方のないことなのです。だからこそ、身近な親族であっても、父や祖父がどのような経験をしたのかを知らないことが多いんです」

屋代氏は、少しでも多くの情報をご家族に渡せるよう、自分の知識を総動員するとともに、文庫内の書物をつぶさにチェックする。そして、その方の参加した部隊がどのような状況下でどのような作戦に参加したのか、その後その方がどこに転属となったのか、亡くなられた場合にはどのような最期を迎えられたのかなどを丁寧に説明する。居住地が遠隔で来ることが難しいような方には、電話などで対応するか、Ａ４数枚のレポートを作成し、根拠となった資料のコピーを添えて送付する場合もある。

基本的には、それらの作業はすべて屋代氏と同文庫の職員の二人だけで行う。一人のリクエストには1週間から、調査に難航すると1か月程度かかることもある。

「本当は、もっと時間をかけずに『これ以上はわかりませんでした』と簡単に回答してしまってもいいのかもしれない、と思うときもあります。でも、せっかく家族のことを知りたいと思ってお問い合わせいただいた方に、できるだけ多くのことを知っていただきたいとの思いがどうしても勝ってしまうんです。皆さんのご要望にお応えすることは、決して簡単なことではありません。ただ、このようなサービスができるのは日本でここだけ。意義を感じています」

来館される方々には、なるべくその前に本籍地の県庁や厚労省で軍隊の人事記録である『兵籍簿』を入手することを勧めている。兵籍簿には所属や階級、行動履歴が書かれているため、その情報を屋代氏に伝えることでより早く、効率的に調査を勧めることができるからだ。ときには「個人情報を知らない人に教えたくない」と話す来館者もいるが、そのような場合には難航するケースも多いという。

来館者数はそれほど多くはないとはいえ、開館日は来館者の対応と書物のチェックで一日が終わる。そのため、レポートの作成は閉館日に行うことが多い。「少しでも家族の情報を知りたい」とやってきた人に満足してもらう。それが屋代氏にとって何よりのやりがいになる。

中には、屋代氏のつくったレポートに対し、「こんなに調べてもらったので対価を払いたい」と申し出る人もいる。そんな人たちには、「参拝でそのお気持ちをいただけたら」と告げる。

「どうやって亡くなったかを知ることで、より故人の輪郭がはっきりしますよね。これまで何となく靖國神社を訪れ、手を合わせていたご遺族のお気持ちがより確かなものになるのであれば、神社の人間としてもありがたいと思っています」

戦史の研究家としても、同文庫に残された書物は〝宝の山〟だ。手がすいているときにはいまでも戦史の研究を続けている。そんな屋代氏の姿を見て、自衛隊の同期からは「この年になってやりたい仕事ができるお前がうらやましい」と言われることもある。

「戦史教官として再任用される道が閉ざされたとき、まさかこのような〝第三の人生〟が待っているとは考えもしませんでした。人生何があるか、本当にわからないものです。いつまで続けられるのかはわかりませんが、いまの私にこれ以上の環境はありません。

できる限りは続けられたらと思います」

「自衛隊式」アウトドアスクール

埼玉県毛呂山町でアウトドアスクールを開校しているのは、元航空自衛官の桑原裕則氏だ。桑原氏は高校卒業後の1986年、航空自衛隊に入隊。輸送航空隊に配属され、阪神・淡路大震災や東日本大震災での災害派遣やイラク復興支援活動にも従事し、55歳・3尉で退官した。

東日本大震災では、震災発生後すぐに松島基地へ派遣された。同基地は2メートルを超える津波に襲われ、戦闘機や練習機などがすべて流された。あまりの惨状に呆然としながらも、同基地の復旧作業にあたる若い隊員に「君のご家族は大丈夫だったか」と聞いた。隊員の義父は、震災で亡くなっていた。壊滅状態にある基地や、そんな中でも粛々と任務にあたる隊員を見て、涙が止まらなかった。

「支援物資を輸送するという本来の任務以外にも、どうにか彼らの力になれないか」と考えた桑原氏は、知己のワッペン屋に相談。「あなたたちは一人ではない。私たちがいる」との思いを込め、日の丸に「絆」「頑張ろう日本」と書かれたワッペンを作成した。多くの隊員が身銭を切って支援物資を買い集め、被災地に届ける中で、ワッペンも想像以上に売れた。桑原氏は基地に訪れた空幕長に対しても、「ワッペンを付けてください！」と直訴。快諾してもらうことができた。約４０００枚の売り上げ金はすべて、あしなが育英会や政府の募金などに寄付した。

そのような企画力・行動力を有する桑原氏は２０２２年9月に退官の日を迎えた。定年後に選んだのは、企業への再就職ではなく、「アウトドアスクールの開校」だった。そのきっかけは、「新潟県の山の中で親子が遭難し、亡くなった」という、偶然目に飛び込んできた悲しいニュースだった。

「自衛隊では、『事故は一つの要因では起きない』と何度も繰り返し教わりました。人はどうしても、自分にとって都合が悪い状況でも『大丈夫だ』と過信してしまう正常性バイアスを働かせてしまう傾向にあります。ましてや子どもの前では、よりその思いが強くなりがちです。山で遭難してしまったときに、もし万一に備えた装備を携行していたら。もし道に迷ったときの行動を知っていたら。もし正しいサバイバル技術があったら……。そうすれば、亡くなってしまった親子も最悪の状況はまぬがれていたのではないかと考えるようになりました」

もともと登山が趣味で、子どもらを連れてよく登山をしていた桑原氏。だからこそ、「誰にでも道に迷う可能性はある」ことを熟知していた一方で、「正しい判断や行動を取ることで、遭難しない、あるいは遭難しても生存率を高めるための行動が取れるようになる。そしてそれは決して難しいことではない」とも思っていた。痛ましい事故を1件でも減らすために自分にできることは何か。その答えが「アウトドアスクール」だった。

自衛隊生活の中では、コンパスの使い方や山での歩き方を学んできた。また退官の3年ほど前から、民間のキャンプインストラクターとブッシュクラフトインストラクターの教室に通い、資格を取得。資格の取得は「スクール開校の箔つけ」のつもりだったが、自衛隊の知識に民間の知識をミックスさせることができ、技術は思っていたよりも向上した。

「アウトドアスクールで食べていける」と確信があったわけではなかった。いまもそれほど多くの顧客を抱えているわけではなく、経営面では大きな課題を抱えている。自衛隊で援護を受け、その企業で定年まで勤め上げたほうが、金銭的には完全に楽だったことは間違いない。それでも、桑原氏は夢を追った。「65歳、70歳からアウトドアスクールを始めるとなればさすがに体力の低下は避けられませんし、『本当にこの人で大丈夫か?』と顧客に思われるかもしれませんからね」と笑う。

このような判断ができたのは、住宅ローンを完済し、子どもも独立していたという金銭的な事情も大いに影響している。また自衛官在職時には、単身赴任先と自宅の往復にかかる時間を勉強に充て、ファイナンシャルプランナーの資格も取得していた。

「退職金と若年退職者給付金はある。アウトドアスクールであれば仕入れも在庫もない。金銭的には、稼がなくても何とかやっていけると判断しました。第二の人生は自分のやりたいことをやり、それが誰かのためになるのであれば最高だと考えました」

「人間も野生にカエルことが必要」

そうして桑原氏は2022年9月、満を持してアウトドアスクールを開校する。「お金のために再就職するのではなく、やりたいことをやる」との決断には、同期の多くがうらやんだ。起業にあたっては、独学でホームページをつくったり、Ｉｎｓｔａｇｒａｍでも発信したりと、スクール以外にもチャレンジの連続だった。

ちなみに桑原氏の子ども二人は、父の背中を追って自衛隊に就職している。陸上自衛隊に進んだ長男とは、2016年の入間基地航空祭で「父が搭乗する輸送機から第1空挺団の息子が降下」という晴れ舞台を踏んだ。次男は航空自衛隊の輸送機パイロットとしての道のりを歩み始めている。桑原氏に限らず、「自衛隊員の子どもが自衛隊に入る」というケースはかなり多いが、それは親の背中に魅力を感じたからにほかならない。

立ち上げたアウトドアスクールの名は「WILD FROG Outdoor school」。「ＦＲＯＧ（カエル）」には、人間よりも小さく、弱いカエルでも自然に溶け込み、たくましく生きていることへのリスペクトを込めた。「人間も野生にカエルことが重要です」と桑原氏は笑う。

「人間も本来は自然の一部。その辺を歩いている動物や、空を飛んでいる鳥と同じ存在なのです」

桑原氏がインストラクターの資格を持つ「ブッシュクラフト」とは、最小限の荷物で山や森林などに入り、自然の中にあるものを利用する形のアウトドアスタイルを指す。一見初心者には難易度が高そうにも思えるが、桑原氏のスクールでは安全なナイフの使い方や簡単な焚火の方法、地図の読み方やコンパスの使い方など、いざというときのサバイバルテクニックなどを「ゆるく、楽しく学んでもらう」ことをモットーとしている。こうした知恵は災害など不測の事態にも役立つだろう。

山の中などでの遭難を防ぐためには、自分が「いまどこにいるのか」を把握することが不可欠だ。個人的な話で恐縮だが、筆者は地図を読むのが非常に苦手だ。幹部候補生学校での訓練中、山の中で地図を広げたところで、いま自分がどこにいるかがさっぱりわからなかった。整備された道もない暗い山道をしばらく歩いた後、同期が「いまこの辺りにいるはずだ」と指を指して話すのを、信じられない思いで聞いていた。しかし桑原氏は、「そんな人でも正しく地図を読めるようになる」と話す。たとえば等高線ごとに違う色で塗りわけたり、等高線に合わせて地図を折ったりなど、地図を読みやすくするさまざまな工夫がある。方角を知る際に大きな助けとなるコンパスについては、その使い方だけでなく、コンパスが手元にない場合にスマートフォンを解体して方位磁石をつくり出す方法まで伝えている。

月が出ていれば、おおよその方角や時間を把握することもできる。たとえば三日月では、月の両端を線で結んで地面に降ろし、地平線と交わったところが南を指す。さらに三日月で言えば、地球の自転と月の公転の関係から、夕方と明け方にしか見ることができず、夜中には見ることができない。

月の光は、軍事作戦を考えるうえでも非常に重要な役割を果たすが、普段、都会の中にいる私たちは月の明るさを実感することはないだろう。だが電灯が一つもないような場所に赴けば、月が放つ光が果たす役割の大きさに驚くかもしれない（少なくとも筆者は驚いた）。私たち人間がすっかり忘れてしまった自然の息吹を、桑原氏は丁寧に見つめ、伝えているのだ。

自衛隊との縁も続いている。在職中にサバイバル教官をしていたことから、現在も現職の自衛官たちにもサバイバル技術を教える機会を設けているのだ。火の起こし方や水の確保など、サバイバルの基本となる技術はもちろんのこと、海外派遣などの機会に米軍などとかかわった経験から、海外の軍隊のサバイバル術や敵から「逃げる」「隠れる」といったサバイバル術も教える。なおアウトドアスクールでも、希望者には自衛隊式のサバイバル訓練が体験可能だ。ただし「人気が出るかも」といった目論見は外れ、いまのところ人気はない。

今後力を入れていきたいのは、「子どもへの授業」だ。現在すでに、少年野球のチームなどが桑原氏のアウトドアスクールに参加しているが、その裾野をもっと広めていきたいとの願いを持っている。

とくに目を向けているのは、家庭の事情によってアウトドアで遊べない子どもたちだ。行動しなければ始まらない。まずは知人の子どもたちを集め、ニジマスを釣り、調理するといったアウトドア経験を提供。一歩ずつ歩みを進めている。

訓練科目だった銃剣道、退職後普及を目指す

「第二の人生」を充実させるのは、何も仕事だけでなくともよい。山田明氏が力を注いでいるのは、「銃剣道」という武道だ。

そもそも、「銃剣道」を読者はどの程度知っているだろうか。全日本銃剣道連盟HPによると、その始まりは明治初期にさかのぼる。西洋で戦いの場で用いられるものが刀から鉄砲に変わり、近接戦闘では銃の先端に短剣を付けることが主流になってきたことを受け、フランスから伝来した西洋式の銃剣術を日本古来の槍術や剣道に採り入れて誕生。「銃剣道」の名称は1940年から用いられ、翌年には大日本銃剣道振興会が創設された。

1941年に太平洋戦争が勃発するとの時代背景もあり、当時の銃剣道は戦闘に向けた訓練としての側面が大きく、敗戦とともに一度はGHQにより銃剣道への禁止令が発せられた。ただ全国各地で銃剣道を再興する動きが高まり、再出発を果たすことになった。

自衛隊でも現在、銃剣道は訓練の一つとして取り入れられている。そのため現在の会員は約2万人程度のうち、その9割は自衛官が占める。とくに陸上自衛官が多く、山田氏によれば陸自：海自：空自の割合は70：4：24ぐらいだという。筆者の通った防衛大学校にも「銃剣道部」はあったが、全国的には銃剣道部を有する大学は少なく、全日本学生選手権へのハードルは低い。試合では、剣道の防具に似た防具を着用し、樫の木でつくられた長さ166センチメートル、重さ1・1キログラム以上の木銃(もくじゅう)で相手より早く左胸・喉を突くことで勝敗が決まる。

さて山田氏の話に戻ろう。山田氏は陸上自衛隊に入隊後、特科連隊に配属されたがその多くを教育畑で過ごした。自衛隊生活を通じて銃剣道と向き合い続け、銃剣道の選手として国民体育大会や全日本選手権にも出場。防衛大では銃剣道教官として、これまでに得た教育のスキルと銃剣道の技術を学生に伝えた。神奈川県地方協力本部勤務を最後に2020年、55歳・3等陸尉で退官したが、振り返ってみれば充実した自衛隊生活だった。

再就職にあたり、山田氏が重視したのは「土日が休みであること」に尽きた。銃剣道の指導や大会の審判を行うには、土日を空けておく必要があったからだ。

山田氏が銃剣道に出会ったのは、もちろん自衛隊でのこと。山田氏が入隊したころは、いまよりも活発に銃剣道の大会が行われていた。そこで部隊において強化選手を育成すると決まったとき、たまたまその対象として選ばれたことがそのきっかけだった。

「昔ちょっとやんちゃだった私は、周りからも『ケンカだけはするな。クビになるぞ』とよく言われていました。ただ、いまでこそ随分減りましたが、昔は毎日のように理不尽な指導があり、だんだん我慢の限界に近づいたことを感じていました。そんなとき、『そうだ、銃剣道で強くなったら、銃剣道で先輩をボコボコにできる！』と考えたんです。不純な動機ですが、ただそれだけのために頑張りました」

訓練に参加した10数名のうち、選抜されて最後まで残るのは3名程度。ライバルから抜きん出るため、人知れず早朝や夜の屋上で練習を重ねた。そうして4か月後、無事3人の選手のうちの一人として選抜された。

そのころには、「先輩をボコボコにしてやろう」という思いも薄れていた。本来の銃剣道の楽しさに気づき、すっかり夢中になっていたからだ。銃剣道の腕前をメキメキと上げた山田氏に、先輩たちも見る目を変えていった。「銃剣道の訓練の中で、一回だけは激しくやらせてもらいましたけどね」と山田氏は笑う。

現在山田氏は、平日は警備員として勤務し、休日は道場を開き、民間人向けに銃剣道を教えている。同連盟の関東ブロック指導員として、大会の審判を任されることもある。なお定年直前からボディメイクにもはまり、自衛隊ナンバーワンの肉体を決める「自衛隊プレミアムボディ」では、ＯＢの部２連覇を果たしている（ＹｏｕＴｕｂｅから閲覧可能）。

仕事の面では実のところ、これまで「人を教育する」ことに大きなやりがいを感じてきた山田氏のもとには、自衛官時代に培ったスキルをより生かせそうな仕事の話が舞い込んできたこともあった。転職したほうが、仕事の面ではさらにやりがいを感じられるかもしれない。しかし、その仕事に就いた場合、必ずしも土日が休みとは限らないのが大きなネックとなった。「自分をここまで育ててくれたのは銃剣道。指導者として後輩育成に尽力するのが筋だ」。その思いで、仕事の話を断った。

「銃剣道では、正しく、明るく、強く、たくましい人間形成を目指します。銃剣道を通じて、『謙虚』という言葉が意味するところがようやくわかりました。どんな状況に置かれたとしても、人として謙虚であって人間関係がうまく構築できれば、大体の事は解決していけるはずです」

そんな銃剣道の魅力を、今日も山田氏は広めている。

気象幹部として勤め退職後に開けた研究への挑戦の道

佐藤公彦氏も、再就職後の趣味を充実させている一人だ。1946年生まれの佐藤氏は防衛大卒業後、航空自衛隊にて気象幹部の道を歩む。「気象幹部」はフライトの前にパイロットに対し、気象予報士として気象情報の提供を行うなど、部隊の運用に必要な気象に関するデータを扱うことを業務としている。

そんな佐藤氏は、「定年後は学校に勤めたい」と考えていたところ、運よく知人の紹介を受け、55歳で退官した後、仙台にある専門学校の総務課長に就くことができた。ときに教壇に立ち、学生たちの姿を見るのは楽しかった。しかし、専門学校のオーナーが教職員全員にサービス残業を要求。もともと「お金のために働いているのではない」と強く思っていた佐藤氏は、59歳にして専門学校を退職することを決めた。

この判断ができたのは、経済面での見通しがしっかりと立っていたことが非常に大きい。佐藤氏は現職中の1980年代後半にはコンピュータを買い求め、簡単なプログラムを組んで収支のシミュレーションを行い、「いま退職しても残りの人生は経済的に成り立つ」との自信があった。

「仕事を辞めれば、やってみたかった研究への挑戦が始められるし、好きなように世界中に旅行に出かけられる」――。果たしてこの目論見は当たった。特段、節制のみに努めたわけではなく、国内外を問わず、行きたいところはどこへでも出かけた。同期らからは「こっちはアルバイトなどをしてやっとの思いをしながら資金をつくっているのに、うらやましい」と言われることも一度ではなかった。

研究や旅行にいそしんだ結果、佐藤氏は「人生のピークが60代にあったという認識がある」と振り返る。それは、6～7年をかけて行った「日の出と日の入り」の天文研究において、願った成果が得られたからだ。

日の出や日の入りの現象は、すべての人が等しく確認することができるものの、たとえば「夏至が、なぜ一番日の出が早い日ではなく、また、最も日の入りが遅い日ではないのか」といった疑問に答えを出せる人はそういない。そのような疑問を解き明かそうと、佐藤氏は自ら数式を考案し、世界各地で起こる特徴的な現象を数値的に裏付けながら説明した。できあがった文書は、実に21万字を超える大作となった。

この研究を通じて、天文学者である東大の教授と手紙のやり取りも行うようになった。佐藤氏のすべての研究結果に目を通した同教授からは、「佐藤さんは、日の出と日の入りについての具体的な現象と日食の周期について、日本で一番詳しいと思います」とのお墨付きをもらっている。

この研究がひと段落した後も、佐藤氏の知的好奇心は止むことがない。近年も現職時から考えていた「風船爆弾」について現職自衛官と意見交換をしたり、ノルマンディ上陸作戦についての寄稿を航空自衛隊の機関紙に寄せたりといった活動を進め、いまはChatGPTと格闘の日々だという。

定年退職後は、防大で学んだことや空自の仕事で身に付けたことを生かすように心がけ、「両親が与えてくれた佐藤公彦を使い切る」ことを目指して生きてきた佐藤氏。80歳を目前にして「これからの日々は佐藤公彦に付随するものを使い切る」も併せて心の中で掲げている。

そのような思いもあり、佐藤氏は2023年12月、住処を郷里の宮城県から娘の居住地にもほど近い東京のサービス付き高齢者住宅に移した。愛着を持っている故郷との別離、および荷造りという名の断捨離は想像以上に骨の折れる作業だったが、時間をかけて吟味した、納得の住処だ。

選んだ施設の部屋の間取りは65平方メートルと、一人暮らしの身としては申し分ない。三食のご飯も栄養バランスがしっかりと整えられている。もちろん、その分の費用はしっかりとかかる。この生活を実現するうえで大きな助けとなったのは、現役時代から着実に積み立てていた個人年金だ。公的年金に加え、65歳から年額50万円が支給され、75歳以降は5年ごとに25万円上乗せされていく。佐藤氏の話は、趣味が人生を彩っていること、現役時代からの計画性が生涯にわたって身を助けることの好例でもあろう。

環境は変わっても、パソコン一つあれば研究はできる。これからも、自衛官としての矜持を胸に抱きつつ、研究に打ち込むつもりだ。その成果は同期たちにもつぶさに伝えており、彼らも楽しみに待ってくれている。

第六章

再就職より起業・フリーランスを選ぶ挑戦者たち

一念発起し、「陸自不動産」を起業

第六章では、自衛隊経験をそのまま生かす形ではなく、自分の「やってみたい」を起点に新たなスタートを切った元自衛官の姿を追う。

長崎県大村市で小松野美貴哉氏が創業したのは、その名もずばり「陸自不動産」という名の小さな不動産会社だ。小松野氏は１９８３年、高校卒業後に陸上自衛隊に入隊し、地元に居住することの多い陸曹では珍しく北海道から九州まで全国を転々とする自衛隊生活を送った。そして中でも居心地のよかった大村市で２０１９年、54歳・陸曹長で退官を迎え、同市に定住することを決めた。

自衛隊、とりわけ営内生活が「楽しくて仕方なかった」と振り返る小松野氏だが、当初から第二の人生については自衛隊の援護を受けるつもりはなかった。

「せっかくの人生、一度くらいは誰かから報酬をもらうのではなく、自分の手で自分の食い扶持(ぶち)を稼ぎたいという思いが20代後半からありました。自衛官では珍しい考えかもしれません。いよいよ定年となったときには、自衛官を勤め上げたことで、『人生で果たすべきことはやり遂げた、親が期待をしていた自分の役目は終えた』という思いもありました」

「これがしたい」との確固たる目標があったわけではなく、「とりあえず起業」がまず一番にあった。とはいえ、退官後は自分一人の生活を賄えばいいだけ。何も思いつかなければ、軽トラック1台買って流しの運転手でもすればいい――。そんな思いを抱きつつ、退官前に3つの自治体の創業塾に通い詰めた。

周囲は援護を受ける隊員がほとんどの中、援護を受けようとしない小松野氏に対し、業務隊長は「なぜ援護を受けに来ないんだ。自衛隊は再就職率100％の組織なんだ。利用しないのであればその理由を言いなさい」と迫った。そこで創業塾でつくった創業計画書を提出し、ようやく〝援護を利用しない権利〟を認めてもらえた。

ただ実際に何をやるかは、定年ギリギリまで決まらなかった。何をやるかを考えたとき、まずは「自衛官は商売が下手」との自覚から、在庫を抱える商売の選択肢は最初に排除。「仕入れがない（在庫がない）」「単価が高い」「労働時間が短い」ものは何かと考えて最後に残ったのが不動産業だった。

当初は都市部の富裕層を対象とした高層マンション専門の不動産業を考えた。ただ高層マンションを商売道具にするには想像以上に元手が必要であることがわかり、断念。その次に着目したのは、長年お世話になった自衛隊だった。小松野氏が住む長崎県大村市には陸上自衛隊の駐屯地と海上自衛隊の基地があり、自衛隊との関係は深い。

「大村に住む人は、みんな大村のことが好きです。それくらい、いい土地なんです。一定数の自衛官も常にいますすし、自衛官をお客さんにするのであれば、自分が誰よりも強いはずだと考えました」

陸上自衛隊への感謝、今後も自衛官の力になっていきたいとの思いを、「陸自不動産」の社名に込めた。ちなみに、自衛隊以外の民間人の利用も大歓迎だ。

銀行職員やハウスメーカーの社員とタッグを組み、古巣の駐屯地には毎月足を運んでいる。売店の前のスペースにでかでかと「陸自不動産」の看板を出し、その存在をアピール。駐屯地内に出向くのは、「とにかく知ってもらう」ためだ。「数年後に異動になると思うのですが」「防衛省共済組合を利用したいのですが」といった、〝自衛官ならでは〟の状況にも寄り添っている。

普段は従業員を雇わず、一人で切り盛りしている。イベントなどに出店するときには臨時で人を雇う場合もあるが、アルバイトで来てくれるのはもっぱら自衛隊時代の元教え子たち。自衛隊で培った絆はいまも生きている。

悠々自適の生活かと聞けば、「いまの生活は理想とはほど遠い。正直、起業がこんなに大変だとは思わなかった」とこぼす。自衛隊で任されるのは、自分の任務だけ。それが自衛隊の〝常識〟だ。ところが起業した途端、企画、営業、経理、事務の諸業務をすべて一人でこなさなければならない。とくに苦手意識を持っているのが資金繰りだ。コスト感覚も乏しいうえに、聞いたこともない経理用語がたくさん。おまけに、ビジネスの常識もわからない。自衛隊でははっきりしていたさまざまな線引きも、民間ではあいまいだ。何が社交辞令でどう振る舞えばいいのかは、誰も教えてくれない。「だからいまだにいちいち緊張するんです」と苦笑する。

顧客の数は、決してまだ多いとは言えない。とくに新型コロナウイルスの感染拡大は、予想以上のダメージとなった。駐屯地への出入りも制限され、営業の機会は極端に減った。自粛が是とされた世の中で、顧客も不要不急の外出を避けた。誰も事業所を訪れない日々が続くも、事務所の家賃などの固定費は容赦なく出ていく。やむなく、想定していなかった多額の広告費を使う羽目に陥った。

想像以上に苦しい状況に、何度も心が折れかけた。それでも、仕事は思っていたよりもさらに面白く、充実感を覚えている。

「自衛隊ではすべての行動は〝命令〟という形で下達され、命令さえ消化できれば『優秀』と言われます。とくに自衛隊時代にそれが嫌だと思ったこともありませんが、自分で仕事を立ち上げてみてはじめて、『ないものをつくり出す』楽しさを知りました」

「隊員の持ち家を別の隊員に買ってもらう」という、創業時に掲げていた大きな一つの夢も叶った。家を売ったのは、20代で家を買ったものの、転属が決まった自衛官だった。

「自衛官から自衛官にバトンをつなぐ。その仲介をできたことは本当に嬉しかったですね」と振り返る。現在は、自衛隊からセミナー講師を依頼されることもある。

小松野氏自身が社会に出るにあたっては、「自分は2等陸士だ」との気持ちで挑んだ。そんな小松野氏だけに、「再就職がうまくいかない」とこぼす自衛官への目は厳しい。

「再就職先では、どんな元自衛官もみんな2等陸士なんです。ビジネスの世界に入りたての元自衛官は、自衛隊でいうと敬礼の仕方もわかっていないのと同じ。それなのに『給与が低い』と文句を言うのは、入ったばかりの新隊員が、『私に幹部と同じ給料をください』と言ってるようなもんです。自衛隊では訓練が終わるとき、『状況終わり！』と言います。みんな定年を『状況終わり』だと思っている。でも本当は『状況開始』なんですよ。30余年自衛隊の中で楽しんでいたツケを、ようやく返すときが来たという覚悟を持つべきだと思います」

とはいえ自衛隊に対して、思うところもある。自衛隊での定年後に向けた教育は、ほとんど小松野氏の役には立っていない。一過性のものにすぎないうえ、定年3年前に教えられても、日々の業務に追われる中で、その教育を定年まで覚えていることは難しい。靴の磨き方まで教える自衛隊が、定年後の人生の在り方を教えないのは片手落ちではないのだろうか。定年前の教育課程に〝社会教育〟を入れていくべきではないのか、と強く思う。もちろん、不動産をはじめとする〝お金〟の勉強もその一つだ。

それでも、自衛隊はいまも小松野氏のすぐそばにある。

「たとえ1週間でも1か月でも、『自衛隊にいた』というのは大きな財産になります。

毎朝毎夕国旗に敬礼するといったことは、民間人からすれば笑い話かもしれません。でもそれは、日本人として生きていくうえで、あるいは人格を形成していくうえで、実は大きな力になることなのです。そんな経験ができるのは、いまの社会ではまず自衛隊しかないのではと思います」

これからうまくいくかは、「正直に言ってわからない」と話す。

「志半ばで、資金も尽きて〝戦死〟してしまうかもしれません。でも、たとえうまくいかなかったとしても、やりたいことをやって失敗したのだから、それはそれでいい人生だったと言えるはず。もし最後まで生き残ることができたらラッキーですね」

フリーランスエンジニアになった肉体派幹部

昨今目立つ働き方として「フリーランス」が挙げられる。そんな中、フリーランスエンジニアとして活躍しているのが藤原幸雄氏だ。

北海道夕張市出身の藤原氏は防衛大卒業後、陸上自衛隊に進んだ。防衛大学校の卒業研究でプログラミングに触れてその面白さを知り、通信科を第一希望としたものの、配属されたのは第三希望の普通科。その後は普通科幹部として空挺部隊や「冬のレンジャー」と呼ばれる冬季戦技教育隊指導官など、〝肉体派〟として鳴らした後、２００７年のクリスマスの日に55歳・1佐（定年時特別昇任）で退官した。

退官を前にした藤原氏が感じたのは、「かつて想像していた退官時の姿より、いまの自分ははるかに元気である」ことだった。

「私が初級幹部のころは、『定年は人生の終わり』と考える人が大半でした。また、人生50年時代には、その考え方も決して間違いではなかった。私自身も、『定年してから働く』とは考えていませんでした。ところが気がつけば、いつの間にか社会は人生80年時代に。私は、『50年ではなく、80年の人生をどう生きるか』と人生観を再構築しました。そこで最も強く私を掻き立てたのは、『元気なうちは、社会に恩返しをしなければいけない』との思いでした」

〝国家防衛のプロ〟として、30余年を歩んできた。しかし、まだ自分にはそれとほぼ同じだけの年数が残されている。であれば、もう一つのプロにもなれるはずだ。そう思ったとき、頭に浮かんできたのがプログラミングだった。

自衛官在職中、プログラミングに携わることは一切なかった。それでも、防大在校当時「面白い」と感じた気持ちに加え、いまの世の中でも強く求められていることを鑑み、「とにかくもう一度勉強してみよう」と決めた。

一念発起した藤原氏は、自衛隊の支援制度を活用して「基本情報技術者」の資格を取得。しかし、難易度がそう高いわけではないこの資格だけではまだ不十分だと考え、基本情報技術者資格の上位資格にあたる「ソフトウェア開発技術者（現応用情報技術者）」の勉強を開始。合格率15％ほどと言われる難易度の高いこの試験に合格したことで、「エンジニアとして生きていこう」と腹を括った。

ところが、再就職は一筋縄ではいかなかった。援護担当者に希望を述べたところ、「該当するような仕事は援護にはない。いまからエンジニアとしての再就職は難しいのではないか」と告げられた。それでも藤原氏は、「エンジニアになる」との思いを諦めなかった。「やりたい仕事ができないのであれば、仕事はしない」とまで決意した。

そこで自己開拓を始めたものの、当初は書類選考すら通過することはなかった。ある程度の覚悟はしていたとはいえ、7、8社連続で面接すらしてもらえない事態に、「もう駄目なのかもしれない」との思いもよぎった。そのときに救いになったのは、ちょうど就職活動中だった大学生の娘からかけられた「お父さん、就職活動では100社受けて普通だよ」との言葉だった。100社が普通なのであれば、まだ自分はその1割も受けていない。気を取り直し、娘と励まし合いながら就職活動を続けた。

自衛隊でのあらゆる経験が役に立つ

再就職先が決まったのは、定年のわずか10日前のことだった。東京に本社を置くIT企業が、藤原氏を採用してくれたのだ。企業は実務経験がない藤原氏のために約1か月間かけてトレーニングを行い、そこでの姿勢や技術を高く評価した。筆者にもIT企業の人事の経験があるのでわかるが、やはり率直に言って、どれだけ立派な人物であっても「50代末経験」の人材は非常に採用しづらい。そんな中で、この企業の対応はかなりレアケースだと言えるだろう。

再就職先では社内ＳＥの業務を担った。これは要するに、社内のシステムや社内イントラの保守管理を行うものだ。年下の先輩に教わりながら業務を覚えていったが、先輩社員もかなり年上の〝後輩〟に「何をどう教えたらいいのか」と困惑している様子だった。

会社は社員数十人と、そこまで規模が大きいわけではなかった。そのため社内ＳＥとしての仕事がないときには、顧客から依頼された案件に触れることもあった。毎日が勉強の日々の中で、藤原氏は確かな充実感を覚えていた。「ＩＴエンジニア」と聞くと、よくその激務が指摘される職種でもあるが、「確かに疲れることもあったが、自衛隊生活の中で体力的・精神的な許容範囲を広げていたので、まったく問題はなかった。理想との乖離もまるでなかった」と振り返る。

民間の世界に飛び込んでみて、改めて「民間はすごい」と実感した。確かに自衛官は、有事の際の国民の命を守るべく日々訓練を行っている存在だ。しかし、民間企業の社長は、たとえいわゆる零細企業であっても社員とその家族の人生を支えている。「社員の雇用を守らなければ」という感覚も自衛官にはない。そのような覚悟を持って生きている民間人に、素直に尊敬の念を覚えた。

同社では結局、２０１７年に65歳で再び定年を迎えるまでの10年間にわたって勤務した。定年前には取締役にも選任され、充実した会社員生活を送ることができた。

10年近く単身赴任も経験したが、定年後は北海道にいる家族のもとに帰ることに。しかしここでも、まだまだ体力的・精神的にも余力があった。自衛官を退官するときに思った、「元気なうちは社会に恩返しをしたい」という思いはまったく消えていない。ＩＴエンジニアとして、まだ顧客に喜んでもらえる成果物を提供できる自信もあった。

「50代末経験」からの採用、というレアケース

そこで選んだ選択肢が、「フリーランスのＩＴエンジニア」だった。

門を叩いたのは、ＩＴフリーランスと企業の仲介役として、システム開発案件の斡旋を行っている「ＰＥ-ＢＡＮＫ」。同社を知ったのは、自衛官在職中にさかのぼる。札幌で開かれた合同企業説明会に足を運び、同時点で案件を紹介してもらえるかを相談したところ、「実務経験がないので難しい」と断られた過去を持つ。

一度は駄目だったものの、「今度は10年間の実績がある」と意気込んで飛び込み、無事に契約に至った。とはいえ、藤原氏の面接を担当した北海道支店支店長の中村健夫氏によると、「実績があるとはいえ、65歳という年齢は正直に言って面接するかどうかすら悩みました」と振り返る。

「まず弊社として、『65歳のフリーランス』という前例がありませんでした。2017年当時はまだ社会としても60歳定年制で、シニアの活用がそこまで要請されているわけでもなかった。経歴的にも立派な方であることはわかっても、案件のご紹介は難しいかもしれない、と思いながら面接の日を迎えました。ただ実際に会ってみたら、そんな懸念は吹き飛びました。『ぜひ一緒に仕事がしたい!』と強く感じたんです」

中村氏がそこまで高く藤原氏を評価したのは、10年の実績に裏打ちされた高い技術力に加え、藤原氏の人間性に惹かれたからだ。

「年を取ると、上から目線であったり若い人たちに教えを請うことができなくなったりするケースも珍しくありません。ところが藤原さんは、一切そのような感じがありませんでした。面接の中でも、『若い人の仕事を奪ってまで仕事をしたいと思っているわけではないのですが、働ける機会があるのならぜひお願いしたいのです』と言われたことが非常に印象に残っています。契約してから、これまで案件をお願いしたときに『できません』と言われたことは一度もありません。藤原さんだからこそ成果を上げることができたような案件もあります。弊社としても非常に頼りになる存在です」

仕事は技術や能力だけで完結するものではない。中村氏の言う「藤原さんだからこそ成果を上げられた」と話す案件も、技術力だけでなく、自衛隊での教官経験やバイタリティが高く評価されたものだ。藤原氏自身も、自衛隊で培った指揮統率能力や企画実行力、問題解決能力や精神力といったあらゆることが、直截的ではないにしろ業務の役に立っていると考える。「自衛隊における経験が役に立たなかったことは」との質問に対しては、「ない」と言い切った。

「ビジネスの場面では、『何をすればいいか明確ではない』こともあります。それでも、とりわけ幹部自衛官であれば状況を把握して戦略を立案し、実行する力があるはずです。そして実行のためには何が問題かを関係者と共有し、ある程度合意を取って進めることもできるはず。いまの業務では私はフリーランスの立場ですから、最終的な権限を持っているわけではありません。それでも、業務は主体的に進めることを心がけています。変えたほうがいいことがあれば、どうすれば相手が納得するのかを考えたうえで提案しています」

「年齢に関係なく、優れた人材は活躍できる」

2024年4月時点で72歳となったいまも、週5で正社員とまったく同じだけの時間を労働に費やしている。仕事環境としては、かつては常駐型が多かったものの、コロナ禍以降は在宅での勤務も増えた。得意とする言語はJava Scriptで、その的確な仕事ぶりは、クライアントからも高い評価を受けている。

いまでも同社が契約している最高齢のフリーランスは藤原氏だが、藤原氏がネットやテレビで紹介されてから、「藤原さんを見て私も応募しました」とやってくる中高年も増えた。そして会社としても、「年齢に関係なく、優れた人材は活躍できる」という成功体験を得た。藤原氏の活躍は、社会を少しだけ動かした。

フリーランスとしての生活は、「非常に満足している」と話す。まず仕事の面では、エンジニアとしての業務に集中できるようになった。報酬の面でも満足している。北海道も決して給与水準が高いわけではなく、自衛隊の援護を受けた同輩からは「手取りが13万円しかない」といった声も聞いたため、退官後は「手取りで月20万円ほどあればいい」と考えていた。だが、自己開拓の結果、手取りは月に30万円に。定年前には35万円まで上がった。いまはそれ以上の収入がある。

65歳でフリーランスになってはじめて、「自分の市場価値」を考え始めた。市場価値を高めていけば、おのずと報酬も上がることを知ったからだ。自分の市場価値は、まだ高めていけるはず。ここからどこまで市場価値を高めていくことができるのか、いまはその挑戦にやりがいを感じている。

藤原氏は後輩に向け、状況に合わせて人生を捉え直すことの重要さを訴える。

「私は定年退官直前になって、自分の人生観を再構築しました。そのときは社会が『人生50年』から『人生80年』に変わったわけですが、いまや『人生１００年』時代です。若いころに『定年後はこうしたい』と思うことがあったとしても、社会の状況はきっとまた定年付近には変わっているはずです。そのとき柔軟に、自分の人生観を再構築することが重要なのではないでしょうか。それは別に『仕事をしない』という人生観になってもいいでしょう。自分の人生観に合った第二の人生を歩むことが、充実した人生を歩むための秘訣だと感じています」

65歳からはフリーランスが〝お得〟？

なお、藤原氏のようにあえて〝フリーランス〟を選ぶ高齢者は、決して少なくない。2022年の就業構造基本調査によると、65歳以上のフリーランスは42万人を超えている。「65歳定年」が法律によって義務付けられたとはいえ、平均寿命が80年を超えるいま、65歳で定年を迎えたとしてもそこからの人生はまだまだ長い。とりわけ女性は平均寿命が87歳に達しており、その後の人生は20年以上残されている。

ただ、どれだけ「働きたい」と思っても、働くためにはその居場所がなければ話にならない。そして企業人である限り、たいていその居場所はいつかなくなる。ところがフリーランスであれば、依頼さえあれば何歳だって働くことができる。上記に紹介した藤原氏は、２０２４年時点で72歳だが、世の中には80代のフリーランスだって存在する。

加えて、65歳以上の高齢者にとってのフリーランスのメリットは、いくら働いても厚生年金が減額されない点にある。先の章で、企業に勤めている場合には一定の給与をもらった場合にはその分厚生年金が減額されることを簡単に述べた。これをもう少しだけ詳しく述べると、65歳以上では給与（賞与含む）と老齢厚生年金を合わせて48万円以上の所得があれば、所得に応じて厚生老齢年金が減額される。ところがフリーランスは厚生年金には加入していないため、いくら所得があろうが厚生年金は減額されない。

日本年金機構のホームページでは、具体例として「給与（賞与含む）50万円、老齢厚生年金が月14万円の場合、老齢厚生年金は８万円支給停止される」としている。一介の労働者が65歳以上で50万円稼ぐのは相当な努力が必要だが、頑張ったところで年金が停止されるとなれば、そのモチベーションは大いに下がる。藤原氏も、「高齢者こそフリーランスという選択肢も考えてみてほしい」と話す。

「はじめての仕事も結局は慣れ。自衛隊に入ったころと同じ」

2016年に1尉で退官した松浦梓氏（仮名）は退官後、九州地方でフリーのフィットネスインストラクターの道を選んだ。松浦氏は厳密に言えば定年の数年前に退官しているが、50代になってからの退官ということで、ここで紹介したい。

いまでこそ、自衛隊でも男女の性別関係なくほとんどの職種に就くことができるようになったが、女性の松浦氏が入隊したころは、まだ就ける職種が限られていた時代。松浦氏はその中で通信科職種を選び、その後高射特科に職種転換した。

自衛隊生活は楽しかったが、それでも定年わずか数年前に自衛隊を辞したのは、「あまりにも過酷すぎる環境のため」だった。近年、自衛隊に任される業務は増加の一途であり、現場の悲痛な声は筆者もよく聞くところである。そんな中、松浦氏のいた部隊は実に「幹部自衛官の3分の1ほどがうつで休職する」という異常事態に陥っていた。松浦氏自身、気がつけば1日18時間勤務となり、「もう身体が持たない」と辞職の道を選んだ。

中途退職者は通常、援護の対象外ではあるが、松浦氏の場合、定年数年前の退官ということで、援護担当者は親身になってくれた。松浦氏の経験や特技を生かした再就職先を提示してくれはしたものの、激務に疲れ果てていたことから、「しばらく休みたい」と援護を断り、退職金の1500万円を元手に心身の回復期間を持つことに決めた。

ただ、当たり前だがお金は使えば使うほどどんどん減っていく。2年後、退職金の底が見え始めたことで「働かなくては」と思うようになり、2018年にフリーランスのフィットネスインストラクターとして再び働きだすことを決めた。

もともと自衛官時代からスポーツクラブに通い、スタジオで開催されるボクササイズやダンス系のプログラムに参加していた松浦氏。中でもアメリカから日本に入ってきた「ズンバ」というダンスフィットネスプログラムにはまり、現役時代のうちにインストラクターの資格を取っていた。その時点では「再就職で生かそう」と決めていたわけではなかったが、結果的に現役時代の趣味が松浦氏を助けてくれた。

再就職先は、インストラクターを募集しているところに自ら出向き、勝ち取った。いくつかのスポーツクラブや公共施設などでレッスンを担当するうちに、スポーツクラブの会員から「うちの学校でも教えてほしい」と声がかかるなど、活躍の場は増えていった。当時の手取りは月23万円ほど。現役時代から比べると10万円ほど低くはなったものの、自分が好きで選んだ道であり、しかも退職前に援護担当者から提示された仕事では手取り15万円だったことを考えても、「順風満帆と言っていい生活だった」と振り返る。

しかし、2020年以降のコロナ禍では、どのジムも相当な苦境に陥った。そんなとき、真っ先に契約を切られるのは考えるまでもなくフリーランスだ。松浦氏も例外ではなく、多くの仕事を失った。

ただ、落ち込んでいてもお金が入ってくるわけではない。フィットネスが駄目ならと、インストラクターに加え不登校児を対象とした通信制サポート校の仕事、そして介護というトリプルワークに踏み切った。

介護は資格も経験もまったくない状態だったが、現場は大歓迎してくれた。いざ飛び込んでみると、要介護度の高い入所者のオムツ交換、ベッドと車椅子の移乗、食事介助など、少しずつ任される仕事は増えていった。施設には、歩行器を使って歩ける方から、病院ではもう手の施しようがないと判断されたような方まで、非常に幅広い方が入所されており、対応には細心の注意が必要となる。

介護は想像するまでもなく、大変なことも多い。とくに最初のうちは、入所者の排泄物の処理には抵抗を感じていた。また自衛隊の経験が役に立たなかったこともある。陸自では、「段取りが八分」と教わってきた。ただ刻々と状況が変わる中では、入念な準備の時間はない。また仮にどれだけ準備しても、その通りに進むわけでもない。

しかしそれでも、「ある日、不思議と介護の仕事は自分に合っている、自分は事務仕事より体力勝負、現場で人と向き合う仕事が向いているのだと実感した」と振り返る。

当初つらかった下の処理も、「結局は慣れです。要は自衛隊で泥水の中に飛び込んでほふく前進するのと同じような感じ。最初は『嫌だ』『無理だ』と思っても、一旦腹を括って飛び込んでしまえば、それが当たり前になり、何も感じなくなります」と話す。

自衛隊では教育畑が長く、隊員一人ひとりの顔色や様子の観察に努めた。また一人ひとりに合わせた対応を考え、常に人員不足の中で効率的なやり方や運用方法を考える必要があった。そのような経験は、介護の現場でも大いに生かされている。

部隊があ あも過酷な状況に陥らなければ、定年まで勤め上げ援護を受けていたかもしれない。コロナ禍がなければ、介護は選んでいなかったかもしれない。それでも、いま置かれた環境と向き合い、いま自分にできること、すべきことをなす。その生き方に、後悔はない。

「国を守る」形は多様

1949年に香川県に生まれた水谷秀志氏は、高校卒業後に陸上自衛隊に入隊。武器科幹部として勤務する傍らで日本大学の通信教育部を卒業し、2004年に55歳・2佐で退官した。定年後はまず自衛隊の援護を受け、大阪に本社を置くダイキン工業で8年間勤務。「ダイキン工業」といえば一般的にはエアコン・空調設備が思いつくかもしれないが、実は自衛隊には欠かせない各種砲弾をつくっている企業でもある。むしろ会社の歴史を紐解けば、実は空調設備よりも砲弾の製作開始のほうが早い。また空調設備の開発に乗り出したのも、海軍からの要請があってのことだ。

水谷氏も武器科時代の経験を生かし、戦車や迫撃砲などの砲弾や、ミサイルの品質管理業務にかかわった。8年間の再就職生活は極めて充実したものだった。しかし60歳を迎え、再びの定年が見えてきたところで、「自分はまだやれる、次は何をしようか」と考えるようになった。

そこで閃いたのが、行政書士の道だった。実は公務員は、国家試験を受けなくても一定の条件を満たせば行政書士になることができる。これを特認制度と呼ぶが、具体的には公務員生活の中で行政業務を担当した期間が通算17年以上（中卒者は20年以上）ある場合、行政書士になることが認められている。そのため行政手続きを多く担当する幹部自衛官は、希望すれば行政書士の資格を取得できる者も多い。

ただ実際には、行政書士として登録する自衛官は非常に少ない。それは、行政書士として活動するには10数万円の登録費用や入会金に加え、各行政書士会によって異なるが年額20～30万円ほどの年会費が必要になるなど、決して安くない金額が必要となるためだ。加えて定年を迎えたばかりの未経験の行政書士を雇用する事務所は少なく、開業するにもコネもない。そのため自衛隊内でも、「制度としては可能だが、実際に行政書士として活動している人はほとんどいない」といった注意喚起が行われるケースもあるそうだ。

行政事務には自信があった。また行政書士法では、その第一条に「行政に関する手続の円滑な実施に寄与するとともに国民の利便に資し、もって国民の権利利益の実現に資することを目的とする」と謳っており、国民に向けるまなざしにも親和性があった。

市民に対する各種相談会の場において、水谷氏が最も多く相談を受けるのが、「相続の困りごと」だという。またそこでは、必ずと言ってよいほど、家に関する相談が寄せられた。

相談に来る人の多くは高齢者で、当人たちにとってはかなり深刻な問題だ。「いずれ自分がいなくなった後、自宅はどうなるのか」「田舎に住んでいた親が亡くなり、自宅の管理に困っている」。さまざまな相談に乗るうちに、「なんとか解決しなくては」と考えるようになっていった。そこで相続問題のアドバイスをするには必然的に空き家に関する知識が必要だと考え、空き家の現状はもちろん、空き家が引き起こすトラブル、関係法令や上手な管理、これからの空き家対策などについて調査・研究を進めた。

総務省によると、2018年の空家数は848万9000戸。この数字は過去最高となっており、全国の住宅の実に13・6％を占める。さらに野村総研は、「２０３３年には5軒に1軒以上が空き家になる」との衝撃的な推計を発表している。

空き家が日本全体としての大きな課題となっているいまも、行政は具体的な問題解決法を示さない。そこで水谷氏は２０１７年、平素から連携している行政書士、司法書士、税理士、宅建士、土地家屋調査士および弁護士を会員に迎え「特定非営利活動法人空き家サポートセンター」を設立。空き家についての研究を重ねた著作も上梓した。空き家という「負の遺産」を「富の遺産」に変えるべく、空き家問題を中心としてこれまでにセミナーを約１００回近く開いており、各種相談件数も２０２４年2月現在で６５０件ほどとなっている。

将来的には、大学において「空き家学」を教育科目の一つとするべく、働きかけも進めている。

水谷氏は話す。

「『日本を守る』が意味するところは、国土防衛にとどまりません。国民がそれぞれの故郷に残された家や畑、山林を維持することも立派に『国を守る』ことにつながるのです。この活動は決して私の儲けにつながるわけではありません。『そこまでやらなくてもいいだろう』と思う人もいるでしょう。けれど、私は自衛隊で社会に対する責任を果たすことを学びました。自分ができるうちは、その責任を果たしていきたいと思います」

「食を守ることこそ国防の原点」と農業に従事

水谷氏のように、「国への思い」を自衛隊とは別の形で生かしているケースもある。農業に従事する橋本勝次氏（仮名）は、「日本の〝食〟を守ることこそ、国防の原点ではないか」と考える。

橋本氏は高校を卒業後、航空自衛隊に入隊。装備品整備や総務関係の仕事を務めた後、2010年代半ばに54歳・3尉で定年退官を迎えた。

中国地方に生まれた橋本氏は、家は農家ではなかったが、小さなころから農業や漁業は身近な存在だった。定年が現実に近づくにつれ、民間企業で働く自分の姿を想像してはみたものの、どうにも現実味を感じることがなかった。また、大きな組織の一員として30余年過ごしてきた中で、「誰にも指図されず、悠々自適にやっていきたい」との気持ちも強くなっていった。

そこで、おぼろげながらに浮かんできたのが、農業だった。それまで家庭菜園をやったことすらなく、官舎のベランダでミニトマトやハーブを育てる妻の姿を見ても何も感じることはなかった。それでも、「一度〝農業〟という考えが頭に浮かぶと、なんとなく農業をしている自分は想像できた」と振り返る。

「自衛官時代の蓄えもありましたし、扶養家族もいない。ざっと計算してみても、年金がもらえるまでは何とかなるだろうと思いました。援護担当者にはかなり心配されましたが、自分でつくったマネープランを見せ、何とか納得してもらった形です。一番のネックは妻でしたが、『君は何もしなくていいから』と頼み込み、しぶしぶ了解を得ました」

近年、やはり人材不足に悩む農業においても、退官する自衛官に熱いまなざしを向けている。体力に加え、大型特殊免許やけん引免許など、農業でも活用できる資格を有した人材が多いことも魅力の一つだ。とくに北海道では元自衛官の採用に積極的な姿勢を見せており、農協などと連携して定年退官前の自衛官のインターンも実施している。

ただ、橋本氏は「自分の定年時に再就職先があるかどうかもわからず、かつ『しんどい』とよく聞く農業で人任せの就農はかえって不安」と、定年の3年ほど前から自ら時間をつくっては、知人や地元の農協に相談し、少しずつ退官後の環境を構築していった。定年2年ほど前には、「高齢のため農業から引退する」という人から、農地と機械の一部を譲ってもらう約束も取り付けた。

育てるのは、初心者でも育てやすいと聞いたニンジンやキャベツといった露地野菜に決めた。順調な滑り出しだったが、やはり、というべきか、思い描いた通りには進まなかった。機械の一部を譲ってもらう約束をしたとはいえ、当初の持ち出しは数百万円単位に上った。また、就農してからしばらくは、当然だが収入もなく、右肩下がりにお金がなくなっていく現実に、漠然とした不安にも襲われた。しかしようやく野菜が実ったときには、えもいわれぬ達成感を得た。

「ほかの農家から食べ物をもらえることもありますし、生活は豊かではありませんが、日々の暮らしに困るほどではありません。年々資材が高騰していることには辟易としますが、年金がもらえるまであと少し。いまの生活に年金が増えるわけですから、かえって65歳以降のほうが贅沢な暮らしができるんじゃないかと思っています」と話す。

自衛隊の経験は、「農業に向いている」。まず、朝が早くても苦にならない。部隊にいたころよりもはるかに土にまみれる生活を送っているが、体力的な面でも同世代よりは分がある。周囲の農家とは想像以上に密なコミュニケーションを取るが、自衛隊で集団生活を送っていた身としては、その人間関係がむしろ心地よい。「基本的な作業は一人でも、困ったときには誰かが助けてくれる。その代わり、別の誰かが困っていれば今度は自分が助けに行く。「お互いさま」という言葉の本質を、農業が教えてくれた。

農業を始めたことで、「国家の在り方」に対する気持ちも高まった。「そもそも、自分がつくった食べ物を食べるというのは、人間の、そして国家の基本だと思うんです」と橋本氏は話す。

現在、日本の食料自給率はカロリーベースで38％ほど。一方アメリカでは、100％を優に超えている。

「ロシアのウクライナ侵攻の影響で、小麦の価格が高騰しましたよね。〝何か〟が起こってしまったとき、いまの日本は、日本人全員に十分な食料を行き渡らせることはできない。それは国家の形としてはすごく不健全ではないでしょうか」

農家になると決めたとき、「国防とはまったく縁のない世界に行く」と思っていた橋本氏。ところが期せずして、「国家とは何か」を改めて考えるようになった。

「自分は大した農家ではありませんが、この思いを、若い人たちに伝えていければと思っています。それが私にできる、国への恩返しなのだと思います」

おわりに

今回取材をしてみて改めて気づかされたのが、「元自衛官であること」「日本人であること」への誇りを感じている人が多い点だ。「自衛官なのだから、国への思いはあって当たり前」と思うかもしれないが、正直な話、入隊時点ではすべての自衛官が国防に燃えているわけではない。むしろ筆者の知る限りでは、金銭的な動機やほかにめぼしい就職先がないといった現実的な選択肢のほうが大きな割合を占めている。

ただ、30余年もの長きにわたり国に向き合い続けることで、少しずつ国への思いを醸成させていく。結果として多くの元自衛官が、「元自衛官として」「日本人として」の思いを、制服を脱いだ後も抱き続けることになる。ある元自衛官は、「勤続すればするほど、崇高な使命への理解が深まっていく。それは他人から教えられたものではなく、自ら考えて然るべき結論に至っていくものだ」と話す。自衛官を退官した後、一見直接的に「国防」とは結びつかない職業に就いたとしても、それでも、その心に宿った大義、「国を守る」と決めた使命感が、彼らの人生を支えている。職業こそ階級によって多少の違いがあれど、心の持ちように階級は関係ない。

たとえばある元自衛官はこう話す。

「私の場合、国防意識は現職時代よりも強くなりました。むしろ現職時代には、目の前に置かれた職務をこなすだけで、『国防』という大きな括りではものを考えてきませんでした。それが、退官を迎え、はたと『いまの自分に何ができるだろうか』と考えたときに、『日本人であり続けることしかできない』との結論に達したのです。といっても、日々の中で、何か特別なことをするわけではありません。礼儀正しく、謙虚に、挨拶を欠かさないといった『日本人らしさ』を、大事にするだけです」

改めて近年の日本を見渡すと、社会の少子高齢化は進み、給与もそれほど上昇しないのに物価は上がり続けている。第二次世界大戦以降、日本が戦争の当事者となったことこそないものの、世界規模で見れば戦火はやまない。「日本だけは平和が続く」と楽観視していられる状況でもない。

そのような、決して明るいとは言えない社会の中で、自衛隊に進み、定年まで職務をまっとうすることで「日本人であること」に誇りを覚えられるというのであれば、それはその人の人生を最期の瞬間まで彩ってくれる、意義深いものとなるだろう。

もちろん、それは別に自衛官でなくてもいい話だ。しかし、いまの日本において、「自分が日本人であること」に徹底的に向き合うことのできる機会は、そう多くはないのではないだろうか。「国を守る」という決意を通じてその機会がふんだんに与えられている自衛隊という環境は、ある種恵まれてもいるのだと、筆者は取材を通じて改めて感じることになった。

ただ、「退官後の人生がうまくいかなかった場合」には、「自分は元自衛官なのに」という思いが、かえってその人を生きづらくさせてしまうことにも思いを致す必要はあるだろう。強い思いは、自分を支えると同時に、ときに自分を縛る枷(かせ)となりうる。

「元自衛官」は社会の至る所に存在する

また取材の中では、「自衛隊の中で培った国防意識は、退官後にどのような変化があったのか」という質問もしてみた。すると、「退官したことで国防意識が減退した」と語る人はただの一人もいなかった。「まったく変わらない」どころか、「高くなった」と言う人も相当数存在していた。中には「もともと現役時代にそこまで高い国防意識を持っていなかった」と語る人もいるにはいたが、「それは、国を脅かすほどの脅威を感じたことがなかったからだと思う。自分の任務をいかに達成できるかについては常に対峙してきたし、危機感は持ってきた」と話す。

むろん、その意識の発露には程度の差が大きく存在する。高級幹部では退官後もコメンテーターや大学教授として発信し続けられるケースもあるが、そういった元自衛官はごく少数。ほかには「機会を見つけて国防意識を涵養（かんよう）する機会を設けている」「気の合う人と飲みに行って話している」「聞かれれば答える」「ＹｏｕＴｕｂｅで軍事を語る人のチャンネルを見ている」「まったく何もしていない」など多くのパターンがあるが、ほとんどの場合、自衛隊にいた時よりも国防や国防意識について話す機会は大きく減少する。

日本は、日常的に国防意識を発露できる環境にあるとはとても言えない。それでもその身にはしっかりと国防への思いを宿しているのであり、「日本人であること」への思いとも根っこでつながっている。

２０２２年度の定年退官者は約５９００人、２０２３年度は約４０００人。年によって多少の増減はあれど、それだけ多くの高い国防への志を抱いた人たちが社会に飛び出し、実はあなたのすぐそばにもいるのである。

定年は「人生の終わり」ではない

これまで、さまざまな元自衛官の〝その後〟を見てきた。こういった本をつくるとき、退官後にめざましい活躍を見せている人物だけを取り上げても、十分に読み応えのあるものになっただろう。そして、それはきっと一般の読者に対し、「元自衛官って、実は民間でも活躍しているんだな」と思わせることができたはずだ。

また逆に、第二の人生で四苦八苦している姿を取り上げ、「国のためにその身を捧げてきた彼らが、そんな苦境にいるなんて。国はもっと元自衛官に報いるべきだ」と思わせるものにすることもできた。

しかしやはり、「いろんな人がいて、いろんな人生を送っている」のが元自衛官の〝リアル〟なのだ。とりわけ取材の中で多く聞こえてきたのは、「活躍している人たちだけを取り上げて『これが元自衛官だ』とはしないでくれ」との声だった。

第二の人生に正解はない。それでも言えることとしては、決して自衛官の定年は、自分の人生の終わりではないということだ。「退官自衛官の再就職を応援する会」世話人の宗像久男氏は、「定年は人生の『切れ目』ではない。『節目』である」と強調する。なお本著の中では散々「第二の人生」と言ってきたものの、「第二の人生なんてものは存在しない。人生は一度きりだ」と話す人もいた。それももっともな観点だ。

同会によると、一般の就業者では70歳を超えても「働きたい」と希望する人が半数を超えるのに比し、元自衛官の場合は「65歳まで」が約半数、「70歳まで」が8割弱に及んでいるという。自衛官は民間よりも、「長く働く」との意識が低いといえる。「定年で自分の人生が終わってしまう」と考える自衛官は、定年後の自分の人生が想像以上に長く続く事実に、退官してからようやく直面し、立ちすくんでしまうかもしれない。もちろんそこからまた歩き出せばいいのだが、もとから準備してきた人はそのときすでに、はるか前を歩んでいることだろう。ある援護関係者は、「結局、準備をしてきた人には勝てませんよ」と話す。さまざまな声を聴いた中で、筆者は特徴的な共通点を感じ取った。改めて挙げると、それは「国防意識は低下しない」「自衛官であったことの誇りは生涯持ち続けるべきだが、階級は捨てるべきだ」との意見だ。

多くの元自衛官は、「勝手の違う新しい職場に行くのだから、謙虚さが必要である」と話す。新しい何かを得るときには、これまでの何かを捨てることが必要。そんな思いが、とりわけ充実した生活を送っている人からは感じられた。そして、「元自衛官としての誇りがあるから、しんどい業務や雑用でも厭わずやれる」とも話す。

定年退官後は、自衛隊の制服を着用することはもうないかもしれない。だがそれは決して、自分の中から自衛隊で培ったものが消えていくことを意味しないのである。

「自律」と自衛隊

すべての自衛官が退官後に充実した人生を歩むにはどうすればいいのか。こんな質問も、取材の中ではほとんどすべての自衛官にぶつけてみた。その答えとしては、「個人」「組織」「社会」それぞれの責務が問われる結果となった。

「個人」に対しては、まず前提として、「自衛隊時代に目の前に置かれた仕事に真摯に向き合えば、再就職先でもきっとうまくいく。何も恐れることはない」と話す人が多かったことは、一つの大きな安心材料にはなるだろう。

一方で、「自衛隊として培った体力や根性を生かすことはできても、営業経験があるわけでもパソコンのスキルがあるわけでもないのだから、民間では高く評価されない」との意見も多かった。「再就職先での給与が低いのは市場の相場。高い給与がほしいのなら、自分がそれだけの人物にならなければいけない」と話す人も一人ではなかった。

元自衛官の中でも、防衛省・自衛隊の再就職施策についての見方は異なる。「教育も再就職先も含めて、自衛隊の援護は十分だ」と話す人もいれば、「退官後の自衛官の人生を本気で考えてくれていない」と批判する人もいる。傾向としては、やはり階級が下がるにつれて不満を抱くケースが多いように感じられた。どうしても准曹は警備や物流といった仕事に就く割合が多くなる。現職時代に「幹部になったところで、仕事は増えるのに給与はあまり増えない。幹部になる意味を見出せない」と考えている自衛官も、再就職先として望む条件如何では、考えを改めたほうがよいケースもあるかもしれない。

そのうえで、再就職先で充実した生活を歩むために個人に求められることとしては、大きく「自衛隊の言う通りにしていれば再就職先でも問題ない」との意見と、「自分が何をしたいのかを見据え、計画的に自分磨きをしていくことが重要だ」とする意見にわかれた。相反するような意見だが、これもその人の性質や再就職により得たいものによっても異なるだろう。ただ企業の観点からは、激変するビジネス環境に対応するため、近年は自律的に行動する人材が好まれる傾向にある。

現在自衛隊で行われている再就職に向けた教育の中でも、「自分で考えて決めることが重要」と強調している。自分のライフプランおよびマネープランはどうなっているのか。自分は何がやりたいのか。何ができるのか。何に向いているのか――。そういった自分の価値観や現状を丁寧に把握すれば、定年までに必要な努力の方向性も見えてくる。自分磨きの重要性を説く元自衛官は、「他人と過去は変えられないが、自分自身の考え方と未来は変えることができる」「現役であればまだ間に合う。ぜひいまからでも自己研鑽に努めてほしい」といったエールを送る。

定年を見据えて準備を怠らず、定年後はギアを入れ替えて新しい職務にまい進する。多くの元自衛官はこの重要性を主張する。もちろんこれが望ましい姿であるという点に、筆者も異論はない。ただ、あくまで筆者の私見としては、「主体的に動かない人でも諸手を挙げて受け入れ、そのまま活用してきたのが自衛隊ではないのか」とも思う。

個人が自身のキャリアに向かい、主体的にキャリアを開発していくことを指す「キャリア自律」。民間でも多く使われる言葉だが、筆者が現役自衛官たる陸海空の防衛大の同期数名に「キャリア自律という言葉を知っているか」と聞いてみたところ、この言葉を知る者は誰もいなかった。意味を説明したところで、「公務員で大体のコースも決まっている自衛隊には、あまり関係のない概念ではないか」との声もあった。

要するに、自衛隊において「キャリア自律」は、組織が求めている概念とは言えないのだ。また筆者の周りを見渡してみても、「これがしたい」との気持ちが強いばかりに、望みが叶わなかったときに自衛隊を去っていくケースも確かにある。「キャリア自律していない人間のほうが、組織として扱いやすい」という側面もあるのではないだろうか。同様に近年流行りの「多様性」についても、本質的に軍事組織とは相容れない面もある。

定年間際になって、「多様な一人ひとりの価値観が重要であり、定年後は民間に合わせて自律的に生きよう」と言われたとて、生き方を変えるのは容易ではない。「いやそれでも自衛官はもっと自分の責任で努力すべきだ」など、さまざまな意見はあるだろう。だが個人的な思いとしては、自衛隊の中で愚直なまま生きることを組織がよしとしているのならば、そのままで満足のいく生活が送れるような援護の体制、あるいは現職中からの意識改革が必要ではないかと考える。

トップの覚悟で組織は変わる

自衛隊を離れた筆者だからこそわかるが、自衛隊ほど教育に力を入れている組織はほかにない。任務で必要となる識能から国防の担い手としての人格形成まで、しっかりと達成するまで向き合ってくれる。ただそんな組織だからこそかえって、「自分から学びにいこう」との意識は薄くなる。定年後に主体性を発揮してほしいというのであれば、やはり現役時代からそのような教育を行うべきだろう。

また筆者としては、「企業がどのような人材を望んでいるのか」と「定年を迎える自衛官はどのような仕事に向いているのか」とのすり合わせを行うだけで、いま起きているミスマッチングによるいくつかの悲劇は防げるはずだと考える。企業に「求めているのは能動的に動く人材か、それとも言われたことを忠実にこなす人材か」を聞き、自衛官に対しても自分の価値観を申告させることは、難しいことではない。

またそもそも、「自衛官の使い方」をわかっていない企業も多い。企業に「体力があり、真面目な人材です！」とアピールするのも結構だが、「そもそも自衛官とは明確な命令のもとに動くことを得意としており、抽象的な命令は困惑しやすい。その代わり指示されたことに対しては困難な局面でも着実に遂行しようとする」などと傾向を伝えるだけで、雇う側の意識も変わるはずだ。

「大隊長をしていました」と言われても、その経験が何に生かせるかがわからないと考える企業も多い。そのため、「この経験をした自衛官は、民間ではこのような業務ができます」といったことをレベル別に記載するなどの取り組みも効果的だろう。

第六章に登場した陸自不動産の小松野氏は、「自衛官を一人だけ雇うより、上官と部下のペアとなるように雇うことですごい能力を発揮してくれると思います」と話す。いま挙げたようなことは、制度が変わらなくても実行可能なことばかりだ。

とはいえこのような正論を現場にぶつけたところで、「言いたいことはわかるが、人員が不足しており多忙な中で、自衛隊で必要となるわけではない識能の取得に時間を割くことはとても現実的な話とは思えない」と感じる自衛官も多いだろう。

この状況を変えるには、トップが決断するしかない。たとえば昨今、ハラスメント教育は自衛隊の中で非常に活発に行われるようになってきた。そこにはトップの強い意向が働いている。ぜひ再就職に向けた教育においても、トップの決断を期待したい。

また、「自律」の思想自体は決して自衛隊と相反するものではない、と指摘する現職自衛官もいた。これもその発想は米軍からだ。米海兵隊は、刻々と変化する戦局に対応するため、中央からの沙汰を待つのではなく、自律分散的に動くことに強みを持つ組織となっている。とりわけ陸上自衛隊では、そんな米海兵隊の仕組みを取り入れてみようと試みているものの、なかなか望ましい結果が得られていない側面もあるという。

客観的に見て、いまの自衛隊の教育が主体性を引き出すものではない以上、それは当然の話だろう。だがこのような考え方の必要性が高まれば、「自衛隊では求められていないけど、民間では求められているから定年後は頑張って」といった歪な環境を改善できる糸口になるのでないだろうか。

「元軍人」が尊敬される社会

人事職に就く現役自衛官の中には、「もっと自律性を高めたい」と意気込む人もいる。昨今自衛官の離職率の高さが問題視されている中で、自律性を高めることがさらなる離職につながるおそれもあるが、「自分の組織だけしか見えないようにして囲い込むより、いろいろな観点を与えたうえで『外の世界のほうがいい』と考えるならば、外に出てもらってもいい。組織としてはそちらのほうが健全な姿ではないか」と話す。

筆者自身、自衛隊の問題点として、「辞めていく者に対する態度が厳しすぎる」との思いも持つ。すでに民間では、転職が珍しくない社会になっている。そして大企業を中心に、辞めた人材を「アルムナイ」と呼び、良好な関係を保っているケースも目立つようになってきた。

ただ自衛隊では、離職率が高いにもかかわらず、「自衛隊を辞めた奴は裏切り者」とみなす風潮がいまだに残存している。風通しをよくし、流動化を認めることで、確かに「自分は外の世界のほうが向いている」と退職する人材が増えたとしても、それ以上に自衛官の満足度が高まり、優秀な人材の獲得やリテンション（離職防止）につながるのではないだろうか。近年、防衛省・自衛隊では中途採用も強化しているが、その動きを一層加速させてもいいだろう。

ある元自衛官は、「いまの自衛隊は、何よりも任務が再優先されている。しかし、国を守るのと同じくらい、国を守るために命を懸ける人材を幸せにすることを真剣に考えてほしい」と話す。

最後に、「社会」の観点だ。あまり自衛官からは意見が出なかったが、日本社会全体が貧しくなっていることも、少なからぬ影響を与えている。取材の中では、「防衛庁のころのほうが夢と希望があった」と話す者もいた。

また何人かの元自衛官は、取材の中で「『元軍人』という経歴が尊敬される諸外国がうらやましい」とこぼした。ある元自衛官は言う。

「外国の退役軍人は、記念式典などの場に、勲章を付けた軍隊時代の制服を着用して堂々と参加します。現役の軍人は退役軍人に対して敬意を示し、国民も尊敬の念を示します。退役軍人としても敬意を払われ尊敬の念を受けるからこそ、『社会に対してさらに何か貢献できないか』と考えるはずです。翻って日本では大した尊敬もされません。それなのに、『元自衛官』であるわれわれに、これ以上何をしろと言うのでしょうか」

米国では、11月11日の「復員軍人の日（退役軍人の日）」には全米各地で式典やコンサートが開かれ、退役軍人にリスペクトを捧げ、戦争について思いを馳せる。

「自衛隊」自体への国民の感情は、随分とよくなってきていると感じる。「制服姿で出歩くと石を投げられた」という昔とは比べるべくもない。一方で、「自衛官」個人に対しては、「民間に出た元自衛官は何もできない／使えない」といった論調が、インターネット空間においてはとみに目立つ。そのような目にさらされれば、ささいな失敗も

「やっぱり自衛官は駄目だ」との思いを補強するものにしかならない。

「階級を捨てるべき」と口を揃えて言うのも、もちろん新たな職場では「新人」として謙虚に振る舞うことが望ましいとはいえ、元自衛官の献身に対する国民側の尊敬が欠如しているのではないかと悲しくも思う。

「幸せになる」責務

ある元自衛官からは、下記のようなメッセージを受け取った。

「自衛官の諸君に伝えたいことがあります。それは、国防に半生を捧げた自衛官が退職後も〝例外なく〟幸福な人生を歩むことを、『最後の任務』だと考えてほしいのです。それは決して本人や家族のためだけではありません。幸福な人生を歩む元自衛官がロールモデルとして全国各地に存在することで、自衛官を目指す若者も増えるはず。結果として、それは日本の未来の安寧にもつながります」

同じような方向性の考えとして、「自衛官は入隊するとき、『服務の宣誓』を行って自衛官となります。そこで定年時にも、一般社会への順応を促す『（退官後の）服務の宣誓』を行えば効果があるかもしれません」との声もあった。むろん、「制服を脱いだ後まで任務に縛られたくない」と思うのであれば、無理にこの考えに従う必要はない。だが筆者としては、存外自衛官には向いている考え方なのではないかと感じてもいる。

筆者が強く願うのは、30年以上も国のためにその身を投じ、愚直に生きてきた元自衛官が、その最期の瞬間に「自分の人生は幸せだった」と思える環境であること。ただそれだけなのである。

定年自衛官再就職物語
セカンドキャリアの生きがいと憂うつ

著者　松田小牧

２０２４年５月５日　初版発行
２０２４年６月５日　２版発行

松田小牧（まつだ・こまき）
１９８７年大阪府生まれ。２００７年防衛大学校に入校。人間文化学科で心理学を専攻。陸上自衛隊幹部候補生学校を中途退校し、２０１２年、株式会社時事通信社に入社、社会部、神戸総局を経て政治部に配属。２０１８年、第一子出産を機に退職。その後はＩＴベンチャーの人事を経て、現在はフリーランスとして執筆活動などを行う。近著に『防大女子　究極の男性組織に飛び込んだ女性たち』（ワニブックス【ＰＬＵＳ】新書）。

発行者　佐藤俊彦
発行所　株式会社ワニ・プラス
〒１５０-８４８２
東京都渋谷区恵比寿４-４-９　えびす大黒ビル７Ｆ
発売元　株式会社ワニブックス
〒１５０-８４８２
東京都渋谷区恵比寿４-４-９　えびす大黒ビル
編集協力　梶原麻衣子
装丁　橘田浩志（アティック）
柏原宗績
ＤＴＰ　株式会社ビュロー平林
印刷・製本所　大日本印刷株式会社

ISBN 978-4-8470-6220-9
ワニブックスＨＰ　https://www.wani.co.jp